科学藏在童话里

有趣的物理

[韩] 洪建国 著
[韩] 李朱贤 绘
千太阳 译

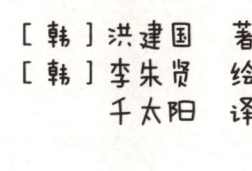

重庆出版集团 重庆出版社

Storytelling Science Story Book-The third grade
Written by Geonguk HONG
Gartooned by Joohyun LEE
Copyright© YeaRimDang Publishing Co., Ltd.-Korea
Originally published as "Storytelling Gwahak Donghwa-Sam Haknyun"
by YeaRimDang Publishing Co., Ltd., Republic of Korea, 2014
Simplified Chinese Character translation copyright © 2016 by Chongqing Publishing House Co.,Ltd.
Simplified Chinese Character edition is published by arrangement with YeaRimDang Publishing Co., Ltd.
All right reserved
版贸核渝字（2014）第277号

图书在版编目（CIP）数据

科学藏在童话里．有趣的物理／（韩）洪建国著；（韩）李朱贤绘；千太阳译．—重庆：重庆出版社,2016.3
ISBN 978-7-229-11099-4

Ⅰ．①科… Ⅱ．①洪… ②李… ③千… Ⅲ．①科学知识—青少年读物②物理学—青少年读物 Ⅳ．① Z228.2

中国版本图书馆 CIP 数据核字（2016）第 066416 号

科学藏在童话里．有趣的物理
KEXUE CANGZAI TONGHUA LI. YOUQU DE WULI
［韩］洪建国 著　　［韩］李朱贤 绘　　千太阳 译

责任编辑：袁婷婷
责任校对：李小吾

重庆出版集团　出版　　果壳文化传播公司　出品
重庆出版社

重庆市南岸区南滨路162号1幢　邮政编码：400061　http://www.cqph.com
重庆天旭印务有限责任公司印刷
重庆出版集团图书发行有限公司发行
E-MAIL:fxchu@cqph.com　邮购电话：023-61520646
全国新华书店经销

开本：787 mm×1092 mm　1/16　印张：10.5
2016年5月第1版　2016年5月第1次印刷
ISBN 978-7-229-11099-4
定价：28.50元

如有印装质量问题，请向本集团图书发行公司调换：023-61520678

版权所有　侵权必究

科学藏在童话里

有趣的物理

［韩］洪建国　著
［韩］李朱贤　绘
千太阳　译

重庆出版集团　重庆出版社

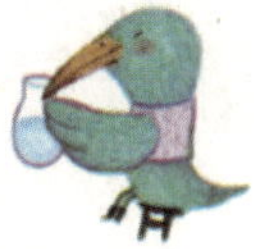

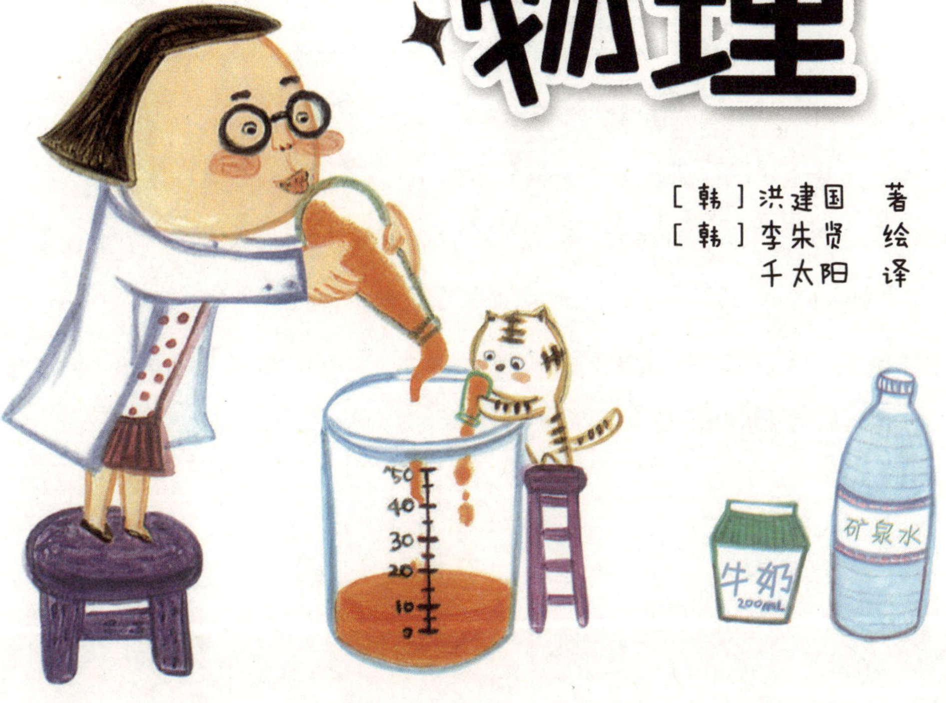

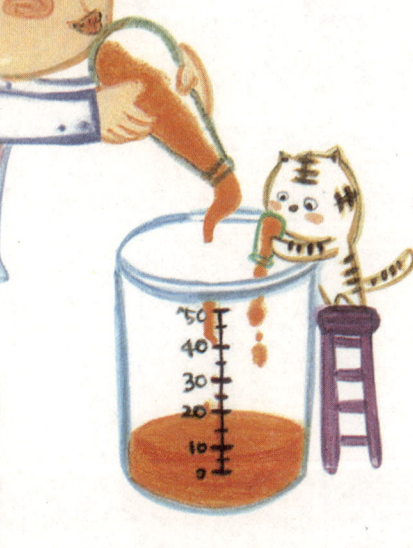

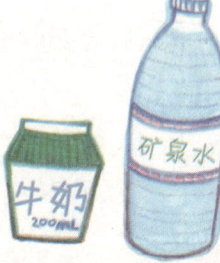

前　言

通过故事一步步学习、了解创意性科学知识！

"科学太枯燥无味了！"

即使是在同一所学校、同一间教室和相同的老师一起学习，也会出现有的孩子喜欢科学，有的孩子却非常讨厌科学的情况。如果把科学看成只是一门需要学习的学科的话，那么是无法感受到科学真正的趣味的。

小朋友们，大家都听过以前的故事吧？原本一听到学习就厌恶得摇脑袋的孩子，只要听到有趣的故事，很快就会被深深吸引。那么，通过有趣的故事来学习科学会怎样呢？

故事中蕴含着一股能够紧紧抓住人心的巨大的力量。神秘而又惊人的想象、不知道接下来会发生什么的紧张感、通过主人公了解到的新事实和感动等就是故事所带有的力量，这种力量让学习科学变得轻松有趣。因为要学习各种各样的知识，所以原本枯燥无味的科学就会变得像藏宝箱一样趣味盎然。

  从这样的想法出发,为了让孩子们能够更有趣地学习科学,就诞生了本书。每一个故事中都包含了教科书中重要的基础科学知识,可以说,只要读一读就能够理解其中的原理。

  就像爱因斯坦、史蒂夫·乔布斯用创新性的想法改变了世界一样,未来还会有人改变我们的世界。希望那个人就是通过《科学藏在童话里》学习科学知识的小朋友。

目录

谁会成为莫纳的新郎？· 6
科学藏在童话里 | 我们的生活和物质 · 16

谜底城的秘密 · 20
科学藏在童话里 | 物质的状态 · 32

在沙漠遇到的幽灵 · 36
科学藏在童话里 | 磁铁的性质 · 46

碧波荡漾的小池里的蝌蚪，豆豆 · 50
科学藏在童话里 | 动物的一生 · 58

大岩石的礼物 · 62
科学藏在童话里 | 地表的变化 · 70

给蛇尾巴挂铃铛 · 74
科学藏在童话里 | 动物世界① · 84

流浪猫鼬佑佑的世界旅行・88
科学藏在童话里 | 动物世界②・96

彩虹年糕岩石・100
科学藏在童话里 | 地层和堆积岩・110

鱼粥味道的石头・114
科学藏在童话里 | 化石的秘密・122

贪心的蜜蜂・126
科学藏在童话里 | 液体的性质・136

非常特别的春游・140
科学藏在童话里 | 气体的性质・148

谁偷走了奶酪?・152
科学藏在童话里 | 声音的性质・162

谁会成为莫纳的新郎？

从前有一个村子，村子里住着两个青年，他们的名字分别是哈默和奇诺。哈默家里很穷，但他却非常诚实而又有智慧；奇诺生长在富裕的家庭里，从小什么东西都不缺。

在一个炎热的夏天，无聊的奇诺四处闲逛，走到田边时看到哈默正在地里认真地干活儿。于是，奇诺鄙视地对哈默说：

"哈哈哈，这么热的天还在干活儿，哈默你真像一头牛啊。"

哈默对奇诺的鄙视毫不在意，大声地说道：

"是啊，其他人也说我干起活儿来像一头牛。"

在寒冷的冬天,哈默也没有停止干活儿。到山里砍柴然后背到集市上卖,制作砖头帮邻居修围墙,偶尔去铁匠铺修理坏掉的农具……哈默真是一刻也闲不住。

奇诺看着忙忙碌碌的哈默,鄙视地说:

"这么冷的天还工作,哈默你真可怜啊。"

不管奇诺怎么鄙视嘲笑,哈默都毫不在意。哈默仍然很快乐地干着活儿。

"没有啊,我不可怜。为了家人而干活儿,我感到很高兴。"

就这样,哈默和奇诺继续过着与往常一样的生活。

有一天，一位帽子商人对哈默和奇诺说：

"隔壁村子的议员想找一位女婿，你们也去看看吧。"

隔壁村议员的女儿叫莫纳。莫纳是一位很聪明，而且心地善良的姑娘，周围的人都很喜欢她，哈默与奇诺也不例外。听说议员在选女婿，哈默和奇诺第二天就去了议员的家。

当时，议员正拿着损坏了的马车轮子。

"听说您在找女婿，怎样才能成为您的女婿呢？"

奇诺直接问议员。

"女婿嘛，我当然会按我喜欢的挑选了。就先帮我把坏掉的轮子修理好吧。"

看着没有轮子的马车，议员苦恼地说。

"知道了，请稍等。"

为了给议员留下好印象，哈默和奇诺听了议员的话迅速地跑了出去。

过了一会儿，哈默和奇诺再次来到了议员的家。

"你们找到修马车的方法了吗?"

议员问奇诺。

"是的,我拿了钱。"

奇诺把装满钱的箱子放到议员面前。

"用钱怎么修理马车啊?"

"去市场上买一个新车轮换上就行了。只要有钱,什么事情都能解决,您说对吧?"

"嗯,也对。"

接着,议员看了看哈默。哈默带来的是柳树。

"这个不是柳树吗?"

议员弯下腰看看柳树,问道。

"没错,这是柳树。"

"你想用这个干吗呀?"

"马车的轮子是用木头做的,而做车轮最好的木头就是柳木。"

说完,哈默立即开始砍柳树,不一会儿就把车轮修好

了。修好车轮,议员点了点头说道:

"哈哈,这个方法也很好啊。"

修理好马车,议员又让哈默和奇诺帮他修理围墙。这次,奇诺跑回家里叫来了随从们。

钱是万能的!

"你为什么把随从们叫来啊?"

"他们可以把破了洞的围墙拆掉,然后给您建个新的围墙。我家的随从很能干,可以给您建个很好很结实的围墙。"

奇诺很得意地说道。

这时候,哈默拉来了满满一车土。

"哈哈哈,哈默,让你修围墙,你拉土干什么啊?"

柳树最好!

奇诺看着哈默，大声笑道。

"围墙是用砖头砌的，砖头是用土制作的。我可以先用土制作砖头，然后用砖头把空洞补上，这样围墙就修好了。"

"你们的想法都不错，那就赶紧帮我修围墙吧。奇诺，你负责左边的墙。哈默，你负责右边的墙就可以了。"

最终，哈默和奇诺都修好了自己负责的围墙。

第二天，哈默和奇诺再次来拜访议员。议员让哈默和奇诺进来，给他们每人倒了一杯茶。

"昨天帮我修围墙，真是辛苦了。"

哈默和奇诺正要喝议员给他们倒的茶，议员看着屋顶说道：

"我想晒干药草，需要一颗能挂晾杆的钉子，你们能帮我做颗钉子吗？"

"当然，明天就给您送过来。"

第二天，哈默和奇诺各自带着自己的钉子来到了议员的家。议员先问奇诺：

"你用什么做的钉子啊？"

"我的钉子是用黄金做的。黄金很贵重，可以让议员的家更加金碧辉煌。"

奇诺提高嗓门说道。

"那么，哈默，你用什么做的钉子啊？"

"我是用铁做的钉子。铁虽然很常见也不贵重，但却很坚固。"

"知道了。那你们用自己带来的钉子帮我把晾杆挂上吧。"

哈默和奇诺按照议员的话，分别在墙上钉上钉子，然后把晾杆挂上了。挂完晾杆以后，议员再次请他们喝茶，这次端茶的人正是莫纳。

"这几天你们辛苦了，但是女婿要我的女儿亲自挑选。"

议员看了看莫纳。

"莫纳，通过这几天的观察，现在就给你中意的人倒茶吧。"

> 铁和金子都是金属，但是性质不同。铁比金子更坚硬，而且容易得到。金子比铁更难获得，所以很贵重，但是金子比较柔软，不适合做钉子。

议员的话刚说完,莫纳就拿起茶壶,把茶水倒进了哈默的杯子里。

"女儿,为什么选哈默呀?"议员问道。

"比起什么事情都想用钱解决的奇诺,我更喜欢能根据具体情况来解决问题的哈默。"

听了莫纳的话,奇诺生气地说:

"莫纳,你可能不知道,这个世界没有用钱解决不了的事情。我可以用钱为莫纳买任何东西!"

这时只听"砰"的一声响,晾杆砸到了奇诺的头上。看到这个情景,议员大声笑道:

"哈哈哈,黄金做的钉子虽然很漂亮,但是无法作为支撑晾杆的钉子,即使再漂亮也变成了没用的东西了啊。"

奇诺羞愧地说不出话来,只能祝贺哈默成为莫纳的新郎了。

科学藏在童话里

我们的生活和物质

周围多样的物体

就像马车的轮子和砖头一样，有一定的形状并且占一定空间的东西叫做物体，形成这些物体的材料叫做物质。那么，下面就让我们来了解一下物质都有哪些性质吧。

木头：很轻，很坚硬，易燃。可以做成多种形状。椅子、桌子、案板、饭桌都是由木头做成的。

金属：大部分金属都比较重，很坚硬，具有闪亮的光泽。勺子、刀、水龙头、订书钉都是由金属做成的。

纸：很轻，可以用来写字，容易折叠，但是不耐水、不耐热，容易被撕破。书、笔记本、画图纸、彩纸都是由纸做成的。

塑料：很轻、很柔软，但是不耐热，易变形。眼镜框、笔筒、玩具、塑料瓶都是由塑料做成的。

物体的性质与用途

让我们观察周围的物体，有的物体是用一种物质制作而成的，也有的物体是用两种及以上的物质制作而成的。随着科学的不断发展，以前没有的物质也会被不断研制出来。

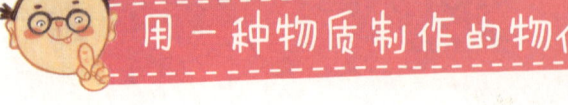

用一种物质制作的物体

橡皮手套：用橡皮制作而成，容易被拉长，而且不漏水，所以在洗碗或者清扫的时候戴上它，可以保护我们的手。

钉子：一般用铁制作而成，坚硬且尖锐，可以用来固定物体。

玻璃瓶：用玻璃制作而成，是透明的，可以看到装在瓶子里的物体。

棉T恤：用棉制作而成的，柔软且温暖，可以保护我们的身体。

钉子

橡皮手套

棉T恤

玻璃瓶

用多种物质制作的物体

运动鞋：底部用橡皮、上面用布或者皮制作而成，可保护我们的双脚。

自行车：用金属、橡皮、皮革、塑料等多种物质制作而成，是人们骑行的交通工具。

自行车

运动鞋

 ## 用新材料制作的物体

登山服：由有无数微小细孔的特殊面料制作而成。这种登山服的最大特点是外面的水无法进入衣服里，而里面的汗水却可蒸发成水汽排出体外。

可用于微波炉的容器：可用于微波炉加热食品的容器有很多种，其中有一种是经过特殊处理的塑料容器。与普通的塑料容器不同，这种塑料容器在微波炉里加热不会产生任何有害物质。

硅胶饭勺：硅胶饭勺由对人体无害的硅胶制作而成。与普通饭勺相比，硅胶饭勺耐高温且更柔软。硅胶还可用于其他烹饪器具、机械设备、整形手术材料等多种方面。

登山服

可用于微波炉的塑料容器

硅胶饭勺

高尔夫球杆：由直径只有几纳米到几十纳米的新材料纳米碳管制作而成。纳米碳管虽然比头发还要细，但是却比钢铁还要坚硬。纳米碳管还可用于半导体电视或者显像管。

高尔夫球杆

谜底城的秘密

　　这一天，世界上人口最多的人海城敲响了警钟，原来是人海城的啰唆公主被谜底城的无聊魔王抓走了。

　　"啊啊，我可爱的公主被无聊魔王抓走了，赶紧把她救回来啊！"

　　国王伤心地哭着，连忙命令自己的手下去救公主。手下们思考了半天，最终决定让人海城的三兄弟负责救援计划。

这三兄弟分别是投石头的准儿、操控水的浪儿和操控风的飘儿。他们可是人海城最聪明、最勇敢的三骑士啊。

"你们的任务是救出啰唆公主。现在马上出发吧！"

"是。我们就是搭上性命也要救出公主。"

三兄弟接受了命令，立刻赶往谜底城。

"到了谜底城要解开谜底，是吗？"

"是啊。谜底分四层，只有解开每一层的谜题，才能到达无聊魔王所在的顶楼呢。"

"真是的。如果知道是什么谜题的话，那么就可以更容易地救出公主了……"

三兄弟加快速度前往谜底城，边走边不停地商量如何救出公主。说着说着就抵达了谜底城。在三兄弟的努力下，谜底城的大门终于被打开了。

谜底城的第一层竟然是空的。但是，一侧的墙壁上却放着很多种东西。

"什么啊?什么都没有啊!"

飘儿很慌张地大声叫喊着。这时候浪儿用手指着头顶说:

"看那里,那里有门!"

浪儿所指的门在天窗上,但是没有任何楼梯或者梯子,根本无法上去。

"怎么上到那里去啊?太高了。"

"是不是要解开谜题啊?"

"浪儿说得对。我们得赶紧找出谜题。"

准儿看了看四周,开始寻找谜题。这时候,浪儿和飘儿也开始四处找起谜题来。

"找到了!找到了!快来这里,看这里写的什么东西啊。"

准儿把浪儿和飘儿叫到墙壁的一侧。

"盛在这个碗里或者盛在那个碗里,形状和大小都不会变的东西会引领你到下一个门!"

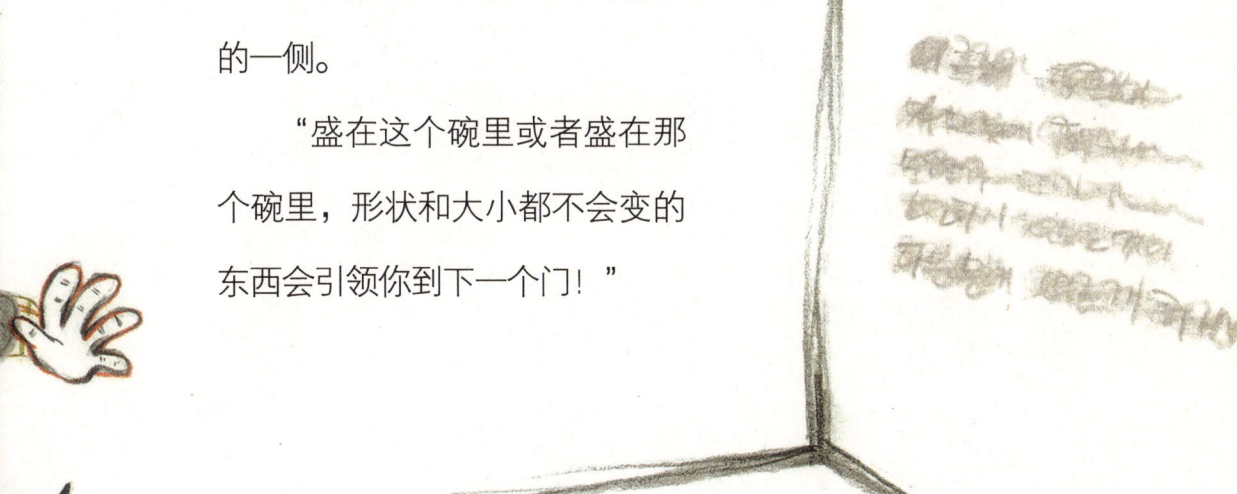

准儿反复读着墙上的字。

"盛在这个碗里或者盛在那个碗里，形状和大小都不会变的东西到底是什么呢？"

"好像是在说不管盛东西的容器怎么变化，这个东西的形状和大小都不会变的意思吧。"

就在浪儿和飘儿侧着头认真思考的时候。

"知道了，谜题上说的东西应该是固体。我使用过石头，所以知道，石头不管盛在什么容器里，大小和模样都不会变。"

准儿很自信地说。

"那么我们找一下跟石头一样坚硬的东西就可以了吧。"

三兄弟赶忙从墙壁上的装饰品中往外挑固体。当他们挑出棒球棒、砖头、塑料积木、碟子、锤子等物体的时候，之前什么都没有的墙上竟然渐渐出现了平整的楼梯。三兄弟果然猜对了。

"好了，现在可以上二楼了。"

准儿第一个从出现的楼梯上了二楼，打开了二楼的门。浪儿和飘儿随后也上了二楼。

一到二楼，浪儿和飘儿就目瞪口呆了。原来，一条巨大的龙正在上三楼的台阶前熟睡呢。

"嘘，小声点。如果把龙吵醒了麻烦可就大了。"

站在最前面的准儿把手指放在嘴唇前，轻声说道。

"知道了。可是这条龙堵在台阶前，我们该怎么办呀？"

"这一层肯定也会有什么谜题。我们得先找到它才行。"

浪儿安慰了一下受惊的飘儿，然后仔细观察起四周来。

"瞧，那条龙的脖子上戴着项链呢。"

浪儿蹑手蹑脚地走到龙的跟前，看了一下那条巨龙戴着的项链。

"根据所盛的容器不同，模样会发生改变，但是量不会变的东西会引领你们到下一个门的。"

浪儿读出了项链上的文字。

"看来这就是第二个谜题。"

"是啊。可是根据所盛的容器不同,模样会改变但是量不变的是什么呢?"

飘儿摇了摇头。

"我知道了!是液体,牛奶、橙汁或者水这些盛在容器里模样会改变的液体啊!"

因为想出了答案,浪儿不禁拍手鼓掌,并大声叫喊起来。沉睡中的龙被浪儿吵醒了。

"啊,啊!唔啊啊!"

看到三兄弟,巨龙喷起火来,好像要立刻吃掉他们。

"啊啊啊!浪儿啊,快点做点啥啊。这样下去我们都要被烤成猪排了!"

<u>火不是气体、液体或者固体。火并不是物质,而是具备光和热的能量。</u>

准儿和飘儿在浪儿身后催促他。

"知道啦,知道啦!龙喷出的火可以用水来浇灭。啊哈,啊哈!"

浪儿大声吼叫着,把水呼唤出来泼到了龙的身上。

"咳!咳!"

喝了一肚子水的龙咳嗽起来。每咳一下,龙的嘴里就会吐出黑色的烟雾。脸面丧尽的龙慢慢后退,给三兄弟让出了台阶。于是三兄弟很快上了三楼。

三楼跟前两层楼不同,摆满了美丽的鲜花,还飘着香气呢。而且,还有一个三兄弟都能坐得下的篮子。

"坐上那个篮子,就可以到达城堡的顶部了。我们赶紧坐上去吧。"

于是,三兄弟赶紧坐上了篮子,可是篮子却纹丝未动,只是从篮子的底部出现了一些文字。

三兄弟把分散的文字聚在一起,形成了一个谜题。

"想移动我,需要把根据所盛的容器不同而改变形状,而且看不到但是可以一直均匀地充满容器的东西给这些鲜花。"

三兄弟一起认真地思考了起来。

"啊哈！我知道了，答案应该是气体。空气就是气体，虽然我们看不到空气，但是如果把空气放进气球里的话，它就会变得跟气球的模样一样。"

飘儿快乐地跳了起来。但是他们怎么也理解不了怎么才能把气体送给鲜花呢。

"呼——该怎么把气体给花朵啊？"

浪儿叹了一口气，瞬间浪儿面前的花朵开始转起圈来。

"嗯？这些花朵怎么旋转起来了？"

飘儿觉得有些莫名其妙。准儿好像看出什么了，仔细观察了一下花朵。

"我们用气体来转动风车，这个篮子应该就能飞起来吧？"

"对啊。飘儿，赶紧召唤风吧！"

准儿催促着飘儿。飘儿立刻打开了风袋子，呼唤风。

"呼呼，呼呼。"

起风了，长得像花朵一样的风车一个个旋转起来，篮子立刻飞起来了。三兄弟终于可以到达无聊魔王所在的谜底城的顶部了。

"可恶的无聊魔王，赶紧放了公主！"

看到无聊魔王，三兄弟立刻拔出剑冲了上去。但是无聊魔王却完全没有要跟三兄弟打仗的意思，他不耐烦地喊道：

"等一下！你们不用跟我打。赶紧把啰唆公主带回去吧，吵得我一夜都没睡好觉！"

无聊魔王一把把啰唆公主推到三兄弟面前，摇着头说道。

在带着公主回人海城的路上，三兄弟问公主。

"公主殿下，无聊魔王为什么那么轻易就把您放了呢？"

"就是啊。我觉得无聊魔王很无聊，所以就愉快地跟他聊起来了而已嘛！"

　　啰唆公主打开了话匣子，一刻不停地讲起了被抓到谜底城的全部经过。这时，被公主唠叨得耳朵都疼的三兄弟终于理解无聊魔王的心情啦。

科学藏在童话里

物质的状态

物质的三种状态

这个世界上的物体以气体、液体和固体三种形态存在着。

同样的物质在不同的形态下其特性也是不一样的。

液体的特征
可以用肉眼看到，
无法用手抓住，
可滴下，
根据所盛容器的不同而改变形状，
但是量不变。
水、牛奶、橙汁、油等都是液体。

固体的特征
可以用肉眼看到，
也可以用手抓住，
具有一定的形状和大小。
木头、石头、铁、陶瓷等都是固体。

气体的特征
- 肉眼看不见，
- 也无法用手抓住，
- 根据所盛容器的不同而改变形状，但是可以均匀分布在容器里面。
- 空气、氦气等都是气体。

水的状态变化

物体吸热或者放热会变成固体、液体、气体三种形态，这种现象被称为物体的形态变化。对于水来说，液体的水吸热就会逐渐变成水蒸气，液体的水失去热量就会变成固体。

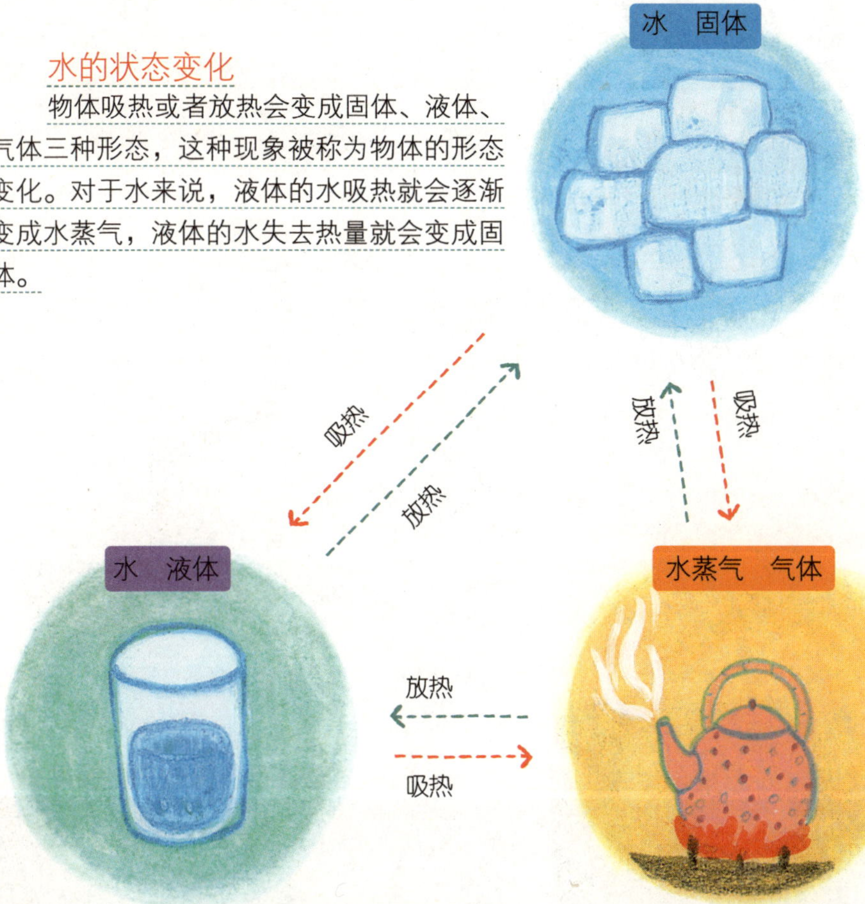

冰 固体

水 液体

水蒸气 气体

吸热 / 放热

吸热 / 放热

放热 / 吸热

容易混淆的物质的形态

一般情况下,气体、液体、固体可以用肉眼或者手感来区分。但是像烟或者沙拉酱等物体,我们很难区分它们的形态。现在就让我们来看一下容易混淆的一些物质吧。

粉是固体

盐、糖粉、沙子、面粉、灰尘等粉状物质是微小的固体颗粒的聚集。它们会根据所盛容器的不同而改变形状,但是单个的颗粒形状不会改变。

烟雾是气体里掺杂了液体或者固体颗粒的现象

蚊香、烟头、火柴等物体燃烧的时候会冒烟。烟跟气体一样无法用手抓住,但却可以用肉眼看见。因此,烟雾是一种非常小的液体或者固体颗粒在气体中掺杂的现象。

沙拉酱具有液体和固体的性质

混合了蛋黄和食用油的沙拉酱并不像固体那样坚硬，也不像液体那样流动。这是非常小的固体颗粒与液体掺杂的形态，这种形态叫做胶状。

玻璃是液体

玻璃比较坚硬而且具有形状，所以像固体，但实际上是液体维持了固体的形态而已。如果把玻璃长时间立起来的话，玻璃就会渐渐流下来，从而使得底部变得更厚。

不是气体、液体或者固体的等离子体

随着科学的发展，人们发现物体还存在除了气体、液体、固体之外的等离子体形态。等离子体是在气体形态下继续加热形成的形态。我们看到的荧光灯、霓虹灯、闪电或者极地夜空中的极光等都是等离子现象。

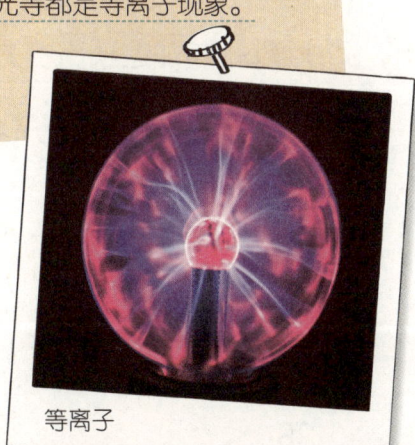

等离子

在沙漠遇到的幽灵

"啊啊,又要在这种地方睡啊?"

自从参加了汽车竞赛,一直没有睡过好觉的罗山发着牢骚。

"你以为我们是来玩的吗?别发牢骚了,好好看你的地图吧。"

哈默德王子递给罗山一张地图。

横穿沙漠的达喀尔拉力赛是一项非常艰难的赛车竞赛,哈默德参加这项比赛是为了证明自己的勇气。但是罗山不一样,罗山是因为王子执意要他一起参加,他才勉为其难参加的。

因为罗山要照顾好王子。

"如果王子出什么事情，你就会立刻被驱逐出去！"

如果没有国王这样的通牒，罗山早就回去了。

"唉，怎么走都是沙漠，还看什么地图啊。"

罗山一边不情愿地打开地图，一边小声嘟囔着。

"在沙漠中很容易迷失方向，所以更要仔细地看地图啊。"

哈默德王子用手指了指地图说。罗山一边眨着眼睛，一边问道：

"那么王子，看地图的时候怎么确定方向呢？"

"用指南针确定方向啊。"

"对啊！指南针本来就是指向南北的吧？"

"当然啦。地球就像一块巨大的磁铁，从而形成了巨大的磁场。地球的南极是N极，北极是S极。但是磁铁的性质是相同的磁极会相互排斥，不同的磁极会相互吸引，所以指南针才一直指着相同的方向。"

磁场是指传递物体间磁力作用的场。

哈默德王子为了展示自己的智慧和学识，耸了耸肩说道。

"可是为什么指南针的指针会摇晃得这么厉害啊？"

"什么？指针会摇晃，怎么可能，怎么可能啊……"

哈默德王子吓了一跳，赶忙看了一眼指南针。真的像罗山说的那样，指南针的指针在剧烈地摇晃。

"我说的没错吧？真的出大事了，我们在沙漠中迷失方向了！"

哈默德从惊慌失措、大声嚷嚷的罗山手里抢回了指南针，这时指南针的指针停了下来。

"嗯，现在不动了。"

罗山探了探头，瞟了一眼指南针。这时哈默德已经想明白指针摇晃的原因了，于是他拉了一下挂在罗山脖子上的耳麦。

> 在动物当中，鸽子、鲸鱼、蜜蜂等动物体内都有专门感受地磁的组织。这些动物就是利用这个特殊的组织作为指南针找到方向的。所以如果在鸽子头上戴上磁铁的话，它就找不到家了。

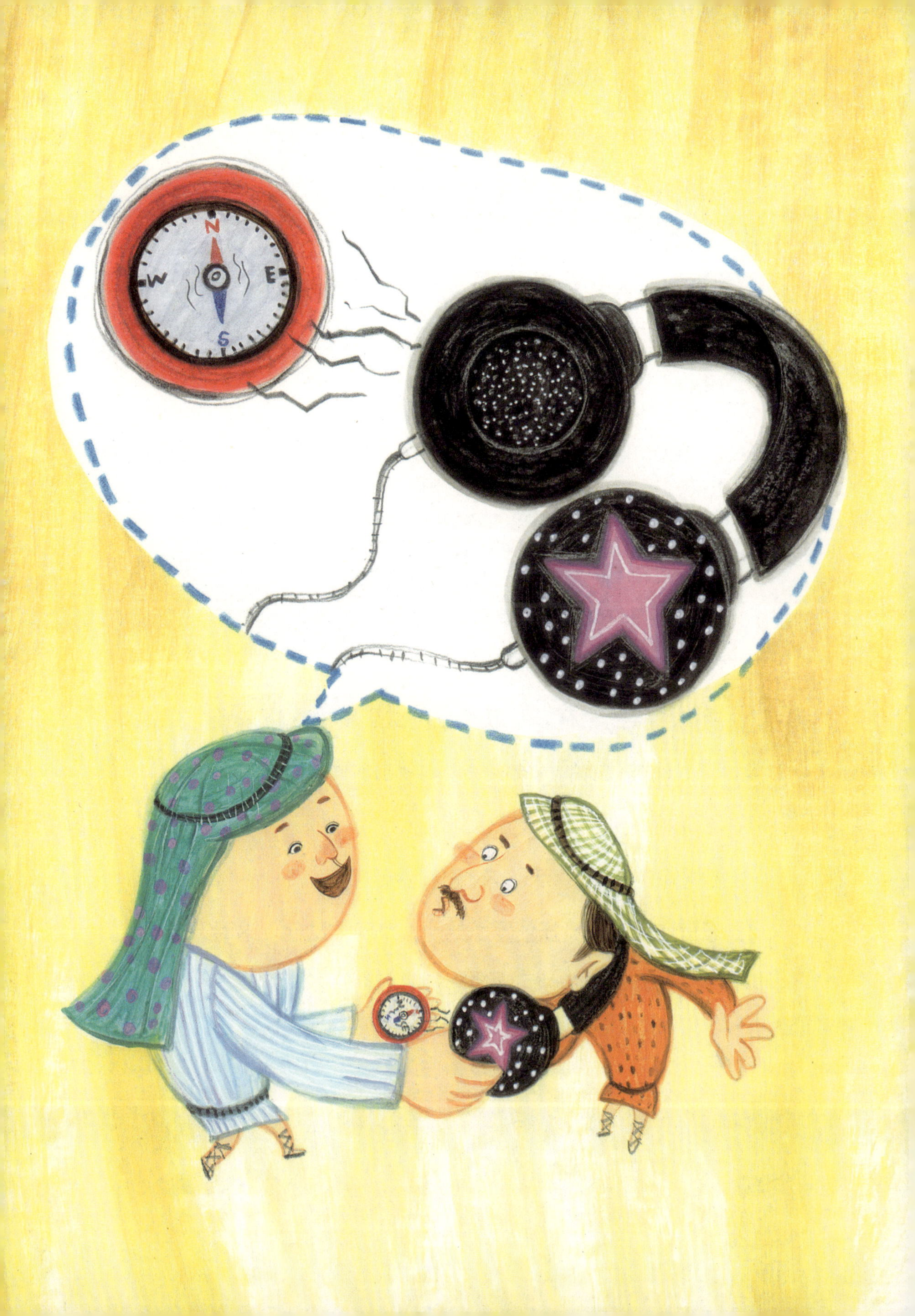
N
W
E
S

"原因就是这个。你每次走动的时候耳麦里面的磁铁会影响指南针。"

哈默德正长篇大论的时候，罗山突然打断了他的话。

"王子，等一下！"

"怎么了？"

"天太热喝了太多水，有点儿想去厕所。等……等一下啊。"

还没说完罗山就跑到汽车后面，急急忙忙脱下了裤子。

就在这时候，一个声音传到了罗山耳朵里。

"谁胆敢在我头上撒尿啊！"

听到奇怪的声音，哈默德立刻跑到罗山这边来看个究竟，可是他被眼前的景象惊呆了。罗山前面有一个恐怖的沙漠幽灵正抬着头。

"可恶的家伙，我要立刻把你埋掉！"

怒气冲天的幽灵抓住罗山的腿，来回拖动他。这时，哈默德王子鼓起勇气挡住了沙漠幽灵的去路。

"住手！他又不是故意的，你太过分了！"

沙漠幽灵看到哈默德王子如此勇敢，就把罗山放了下来。

"好吧。如果他敢跟我打赌，我就放了他。"

"打什么赌？"

"嗯。我跟他比柔道，如果他赢了我，我就放了他。"

沙漠幽灵一把拉住了正在哆嗦的罗山。沙漠幽灵莫名其妙地要和罗山进行柔道比赛，罗山不知道怎么办才好，急得快要哭出来了，眼巴巴地望着王子。

"如果你赢了我，我就放了你，但是如果你输了，我就把你埋进沙子里。"

沙漠幽灵在罗山面前作出埋他的动作，露出恐怖的表情。罗山无奈，只能答应沙漠幽灵和他进行柔道比赛。但是比赛一开始，罗山就发现自己的柔道实力竟然比想象的要高很多。

"哇啊，又赢了！"

多次把沙漠幽灵摔在地上的罗山，得意地喊了起来。然而他不知道，这种挑衅性的行为会给自己带来更大的危险。

"来，再来啊！哈哈哈！"

不光输了比赛，还被罗山嘲笑，此时的沙漠幽灵已经怒火冲天了。

"哼！不管是输还是赢，我都得好好教训你这个没有礼貌的家伙！"

发怒的沙漠幽灵一下子把罗山高高举起来，狠狠地扔到地上。可怜的罗山只有头露在沙子外面，身体的其他部分都被埋在沙子里了。

"救命啊！放过我吧！"

罗山哭着央求沙漠幽灵，但是沙漠幽灵却装作没听到。

"把罗山放了！你要遵守约定。"

"不要！我不喜欢没有礼貌的家伙。"

"哼，那你呢？不懂礼貌和不守约定都是坏人不是吗？"

沙漠幽灵听到哈默德王子的话，侧过头，沉思起来。

"那好吧，放了他可以，但我有个条件。我在沙丘上扔100根针，10分钟内把它们都找出来我就放你们走。"

说完，沙漠幽灵把100根针撒到了沙丘上。

"那是不可能完成的事情，你这个坏幽灵！"

罗山大声喊叫起来。这时，哈默德王子转过身朝汽车的方向跑了过去。

"王子！你这是要逃走吗？你要留下我自己逃走吗？真卑鄙！"

罗山认为哈默德王子是在逃跑，但其实哈默德王子是为了找到能找出针的工具才跑到汽车那边的。

哈默德王子拿出了汽车后备箱里的工具箱，然后从工具箱里拿出了车里的耳麦。

"王子，你这个时候想听歌吗？真是太过分了。快点儿去找针啊！"

哈默德一点儿也不理会罗山的吼叫，戴着耳麦跑了过

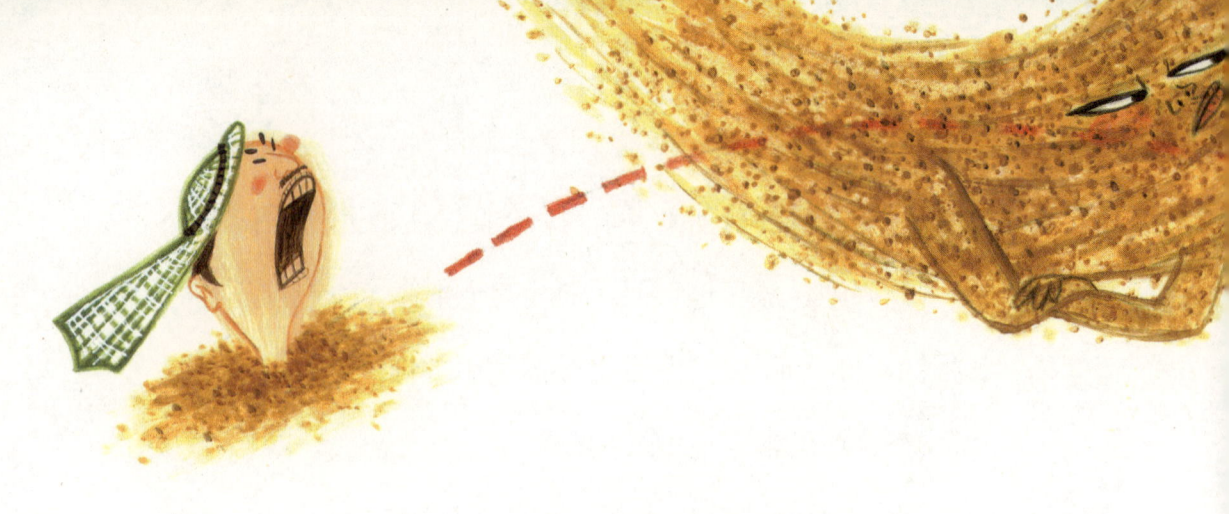

来。

"来，耳麦会帮我们找到针的。"

"哎呀，用耳麦怎么可能找到那么细小的针啊？"

"这个耳麦里有磁铁。"

磁铁可以吸引铁，哈默德王子就是利用这一点找出用铁做的针的。

过了不一会儿，针就像刺猬一样乖乖地贴在耳麦的磁铁上了。

"九十八，九十九，一百！给你，我已经找到了所有的针，快点儿把罗山放了！"

沙漠幽灵看到哈默德王子把所有的针都找了出来，只好放了罗山。

"哇！王子，你是怎么想出这种方法的啊？真是太厉害啊!"

"哈哈,人类跟幽灵的不同就是有一个会思考的大脑啊。像你这样大喊大叫,跟幽灵没什么区别,懂吗?"

幽灵匆忙消失在沙子里后,哈默德王子向罗山露出了开心的笑容。

科学藏在童话里

磁铁的性质

磁铁的多种性质

磁铁能吸引铁的性质叫做"磁性",具有磁性的物体叫做磁铁。磁铁具有独特的性质。

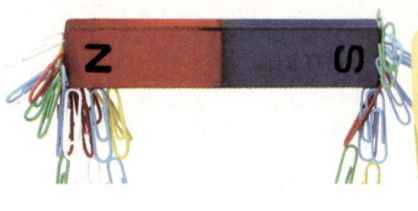

磁铁有两极

磁铁的两端吸引铁的力量最大。这两端叫做磁铁的两极,分别为N极和S极。

相同的磁极会相互排斥,不同的磁极会相互吸引。

磁铁的相同磁极,如N极与N极,S极与S极会相互排斥。

不同磁极,如N极与S极会相互吸引。

磁铁不仅可以吸引铁,还可以吸引镍、钴等金属。

但是磁铁并不能吸引所有的金属。

铜、铝、金、银等金属不会被磁铁吸引。

N极指向北极，S极指向南极

地球像一块巨大的磁铁。北极是地磁S极，南极是地磁N极。所以，条形磁铁的N极总是指向北极，S极总是指向南极。

北极（S极）

南极（N极）

磁铁的力量不接触也存在

磁铁和物体之间即使有纸、塑料或者玻璃等，磁铁的力量也能触及到这些物体。磁铁的这种能够吸引物体的力叫做"磁力"。

磁力的范围是一定的

把磁铁放在白纸上，如果撒下铁粉的话，铁粉会按一定的形状分布在磁铁周围。这是因为磁铁的两极之间有磁力，而且磁力的范围是一定的。磁力所涉及的空间叫做"磁场"。

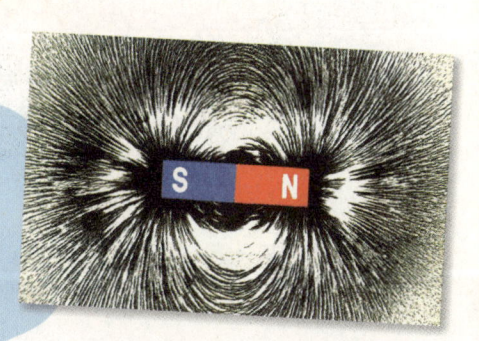

铁粉在磁铁周围按一定形状分布。

磁化和磁铁的应用

没有磁性的铁，如果用磁铁摩擦的话，也会带有磁性，吸引其他的铁。这种不是磁铁的物体具有磁性的现象叫做"磁化"。

物体被磁化后，就像磁铁一样具有N极和S极。

1 一般的铁因为组成铁的物质颗粒分布不规则，所以不会带磁性。

2 如果把磁铁接近铁的话，组成铁的颗粒就会有规则地排列，所以铁会贴近磁铁。

3 如果用磁铁摩擦铁的话，组成铁的颗粒会更有规则地排列，从而形成铁的磁化。用N极摩擦的一端会变为S极，用S极摩擦的一端会变成N极。

日常生活中磁铁的应用

指南针
指针一直指向地理的北极,所以通过指南针可以确定东西南北的方向。

磁铁螺丝刀
磁铁螺丝刀的顶端带有磁性,能吸引螺丝,所以更容易旋转螺丝。

磁铁板
白板有磁铁,就可以把多种道具贴在板上了。

金属分离器
当多种器材混在一起的时候,可以很快地把金属分离出来。

磁悬浮列车
利用磁力,火车会悬浮在轨道之上。因为火车不与轨道接触,所以噪声少、震动小而且速度快。

啊哈!磁铁可以用在这么多地方啊。

碧波荡漾的小池里的蝌蚪，豆豆

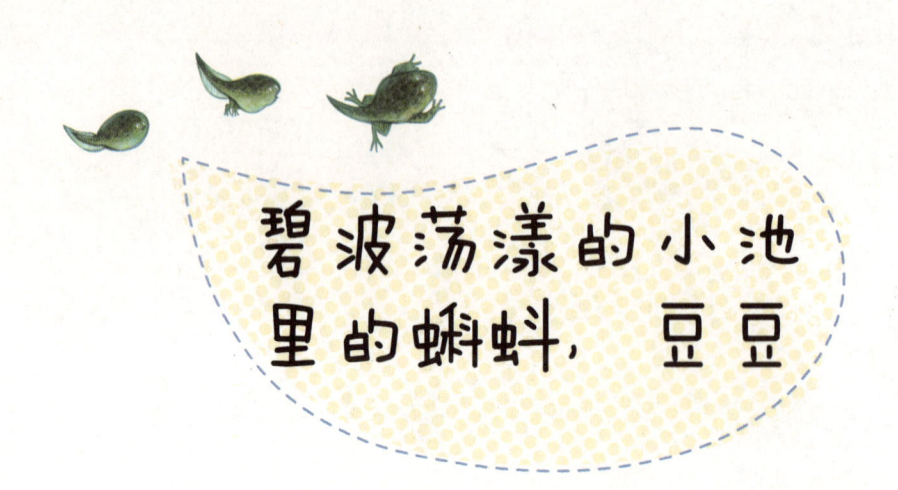

碧波荡漾的莲池里生活着很多青蛙。春天一到，雄性青蛙就开始大声叫喊起来。过不了多久，雌性青蛙便在莲池里产下很多卵。

五月的一天，在明媚阳光的照射下，小蝌蚪们一个个从卵里孵化出来了，这其中就有豆豆。

"孩子们，快跑啊。黑鱼出现了！"

青鳉鱼惊慌地对蝌蚪们叫喊着。

"黑鱼是什么啊？干吗要逃跑呢？"

"黑鱼自称是这个莲池的王，它是一种嘴巴非常大的鱼。它会一口吞掉你们这些小蝌蚪的！"

"啊啊，好可怕！"

豆豆和其他小蝌蚪赶快藏在了水草后面。黑鱼没有看到小蝌蚪们，很快就游走了。

就这样，豆豆摆脱了危机。在接下来的日子里，豆豆健康快乐地成长着，它游遍了莲池的每个角落，认识了好多其他的鱼，也交了很多朋友。豆豆非常喜欢这片碧波荡漾的莲池，因为在这里天天有快乐的事情发生。唯一美中不足的是，黑鱼的存在让豆豆每天都提心吊胆的，生怕哪天不小心遇上那条可怕的鱼。

有一天，豆豆正在聚精会神地吃着水草，忽然跟黑鱼碰了个正着。

"正好肚子饿了，今天就把你吃了吧。"

黑鱼张着大大的嘴，怒视着豆豆。

"稍等！像你这么伟大的鱼怎么能吃我这个又小又丑的蝌蚪呢。"

"没关系！现在我正饿着呢！"

"天哪！鲶鱼看到我这样的小鱼，都不屑一顾呢。"

> 黑鱼是1973年为了食用而从美国进口的鲈鱼。但是它毫不挑剔地吃掉本地的鱼，而且繁殖能力很强，所以威胁着本地的生态。

51

"黑鱼您体格比鲶鱼大，但是心胸却比它小很多呢。鲶鱼大人说得没错，这个碧波荡漾的莲池里真正的王是鲶鱼呢。"

豆豆一副不屑的表情看着黑鱼。听豆豆这么说，黑鱼的自尊心受到了伤害，它怒喊道：

"什么，鲶鱼说自己比我厉害？我现在就去找鲶鱼，教训它一顿！"

黑鱼气冲冲地去找鲶鱼去了，可是鲶鱼比黑鱼更厉害，黑鱼被鲶鱼狠狠地咬了一口。

一晃，这件事过去十天了。

"豆豆你这坏家伙，如果让我见到你，看我怎么收拾你！"

十几天过去了，黑鱼的气竟然还没消，它使劲儿弄浑莲池的水来发泄自己的愤怒。豆豆什么都不知道，恰巧从黑鱼面前经过。虽然见到黑鱼豆豆感到很害怕，但它还是很沉着地和黑鱼搭话。原来，它又想到了戏弄黑鱼的好主意。

"黑鱼先生，你的脸怎么了？"

"啊，被豆豆那个可恶的家伙骗了，跟鲶鱼打架的时候伤的。"

黑鱼从浑浊的水中出来，看到是豆豆立马气冲冲地游了过来。

"豆豆你这个家伙，来得正好。你把我骗得好惨啊！"

豆豆拦住了游过来的黑鱼。

"稍等！我不是豆豆啊，你看我的后腿。"

豆豆转身给它看了看自己的后腿。

"嗯？好奇怪啊！看长相明明就是豆豆啊。"

黑鱼感到很奇怪，疑惑地摆了摆尾巴。

"黑鱼先生您看，蝌蚪都长得差不多，是很容易混淆的。我都分辨不清我的朋友呢。"

"是吗？但是不管你是豆豆还是丁丁，现在我饿了，我要吃掉你。"

黑鱼张开了大嘴准备吞掉豆豆。这时候，豆豆摇着尾巴不慌不忙地说道。

"黑鱼先生，你要吃像我这样的小不点儿吗？莲池底的乌鱼可不吃小鱼呢。您看它像不像莲池的大王啊？"

"乌鱼是莲池的大王？"

"当然了。乌鱼先生说过自己是莲池的王中之王。"

黑鱼飞快地游到池子底下找乌鱼理论。

"喂，乌鱼。你快给我出来！咱俩比试比试，看谁才是莲池的大王！"

黑鱼张大嘴巴冲了过去。这时候，不知是什么东西咬住了黑鱼的尾巴，并使劲儿摇晃着。

"竟敢挑战我，我要吃掉你！"

原来，拖着黑鱼尾巴乱咬的就是乌鱼。

"啊啊，我的尾巴！"

黑鱼最终摆脱了乌鱼，但是它的尾巴却伤得很严重。黑鱼这才明白又被豆豆骗了，这次黑鱼病了十多天。

黑鱼身体有所恢复以后，就急匆匆地出去找豆豆了。它看到豆豆正在前面游动。

"豆豆你这个家伙，竟敢糊弄我。我要立刻吃掉你！"

"先生，我不是豆豆。豆豆只有后腿，但是我还有前腿呢。你看啊！"

"嗯？真奇怪，分明就是豆豆啊？"

豆豆伸开自己的前腿给黑鱼看，黑鱼感到很奇怪。

"黑鱼先生，浮萍那边出现了特别好吃的鱼呢。"

"是真的吗?"

"当然,但是因为那些鱼游得太快了,鲶鱼和乌鱼都抓不到呢。"

"哈哈哈,那就该我出场了。"

说完,黑鱼立刻赶往浮萍。浮萍那边真的有很神奇的鱼在快速游动着,而且它还发着彩虹般华丽的光呢。

"嗯,看起来真是很好吃的样子啊。"

黑鱼全力冲过去一口咬住了那条鱼。但是不知道是怎么回事,黑鱼的身体一下子被拖到了水面外,然后飘到了空中。

"啊！这是诱饵啊！我竟然又上当了。豆豆这个家伙，下次见到你一定要吃掉你！"

黑鱼被鱼钩挂着，不停地挣扎。这时，豆豆抖动着四条腿和尾巴说道：

"哈哈哈，黑鱼先生你不知道吗，我们蝌蚪孵化出来以后15天长出后腿，25天后长出前腿，55天后就成为青蛙了。这就是我们青蛙的一岁啊。不知道黑鱼先生还能不能回来，不过就算以后再见到我你也认不出我啦，哈哈哈！"

六月的莲池依旧碧波荡漾，被豆豆骗惨的黑鱼直到蝌蚪们都变成了青蛙也没能再回来。

科学藏在童话里

动物的一生

青蛙的一生

一个生命体从出生、成长到衰老、死去的全过程称为一生。

孵化
青蛙排卵后两周左右，卵慢慢地孵化成蝌蚪。新生蝌蚪不太会游泳，它们利用下巴上的吸管黏附在水草或者卵上。

排卵
青蛙的繁殖时间大约在每年四月下旬，雌性青蛙会一次排出数百上千的卵。

出现后腿
孵化后15天左右，蝌蚪会从肚子和尾巴的中间部位长出后腿。

★青蛙的卵由光滑的黏液包裹着。这种黏液不仅可以对卵起到保护作用，还可以黏附在水草上，防止卵被水流冲走。

成为青蛙

孵化55天以后，蝌蚪的尾巴就会完全消失，成为真正的青蛙。

★在陆地上，青蛙会吃蜘蛛、蚯蚓和其他小昆虫。青蛙的嘴非常大，舌头又长又黏稠，可以捕捉移动的昆虫。

★蝌蚪像鱼一样用两鳃呼吸，只能在水里生活。变成青蛙以后两鳃就会消失，开始用肺和皮肤呼吸了。从此，青蛙既可以在水里生活，也可以在陆地上生活，所以青蛙被称为两栖动物。

出现前腿

孵化25天后，蝌蚪会长出前腿，同时尾巴也会变小。

排卵的动物和分娩的动物

根据繁殖方式的不同，可以把动物分为排卵的动物和分娩的动物两种。下面就让我们观察一下哪些动物通过排卵繁殖，哪些动物通过分娩繁殖，并分析一下原因吧。

排卵的动物

鸟类、鱼类、鳄鱼、蛇等爬虫类都通过排卵来繁殖后代，它们一次会排出很多卵，并且不用——照看这些卵。鱼类、昆虫等一次会产下成千上百个卵，这样即使部分卵被吃掉，幼虫的存活率也会很高。

白粉蝶的一生

卵 → 幼虫 → 茧 → 成虫

昆虫是产卵的代表性动物。依次以卵、幼虫、成虫顺序成长的昆虫叫做不完全变态。

分娩的动物

与排卵的动物相比，分娩的动物大部分力量都比较强。这种强大的力量可以很好地保护肚子里的孩子。分娩的代表性动物就是哺乳类动物。

分娩的动物，母亲会从孩子出生到独立一直给孩子哺乳、照顾。由于需要投入如此大的精力来照顾孩子，所以一次生出来的孩子数量就少。但是，出生的孩子能顺利长大的概率要比排卵的动物高很多。

狗的一生

刚出生的小狗睁不开眼睛，耳朵也没发育，所以既看不见东西，也听不见声音，只会吃母亲的奶。

出生2~3周的小狗就可以睁开眼睛了，也可以听到声音了。6~8周以后，小狗会长出牙齿，就可以咀嚼东西了。

9~12个月后，小狗就成年了，可以生育了。

不排卵也不分娩的水螅

不是所有的动物都是通过排卵或者分娩而繁殖的。水螅不交配也能繁殖，水螅身体的一部分会产生另一个水螅，新产生的水螅从母体脱落后就形成了一个新的个体。

水螅

大岩石的礼物

山脚下有一块大岩石,它平时总是一个人。除了阳光、风、雨、雪、鸟和松鼠偶尔会来,大岩石身旁没有其他人。

有一天,松树的种子随风飘了起来。这些种子有些落在了草丛里,有些落在了树底下,还有些落在了空地上。

有一棵松树的种子飘落到了大岩石的上面。

"啊，不行。我不喜欢这里！"

种子喊了一句。

"嗯，对不起，我把你放到其他地方吧。"

风儿听到种子不愿意待在岩石上，就想把它吹到其他的地方。可是风一吹，种子反而被吹到大岩石更深处了。

"这可怎么办啊？你被紧紧地塞到岩石里去了，我无能为力了。"

风儿把种子留在那里，无可奈何地走了。

"这个大岩石什么都没有，我怎么生长啊！"

掉进大岩石缝里的种子伤心地说道。

"孩子，不要哭，我帮你吧。"

大岩石安慰气馁的种子。

"谢谢大岩石，但是这里不是我能生长的地方呀。没有地方扎根，也没有地方发芽啊。"

"为什么没有呢？"

"植物要有土才能生长啊。土能为我们提供我们生长必需的水分和营养，而且土很柔软，我们很容易扎根。"

> 从生命体中取出的物质叫做有机质。土里面有很多动植物腐蚀形成的有机质,这些有机质会成为植物生长的营养成分。

大岩石看了看周围的土地。原来,有草和树生长的土地上有很多自己没法相比的东西啊。从枯萎的树上脱落下来的树皮和树叶,土里面忙碌地蠕动着的小昆虫,在土里面蠕动松土的蚯蚓等动物……土地是植物生长的最好场所。

因为不能像土地一样给种子生长的环境,大岩石感到很愧疚。

"就像你说的,我确实没有什么东西能给你。但是我可以给你攒下早上的霜,不要太失望啊。"

大岩石每天都给种子攒下霜水。而且还拜托风给种子带来一些土,还给种子盖上了落叶。

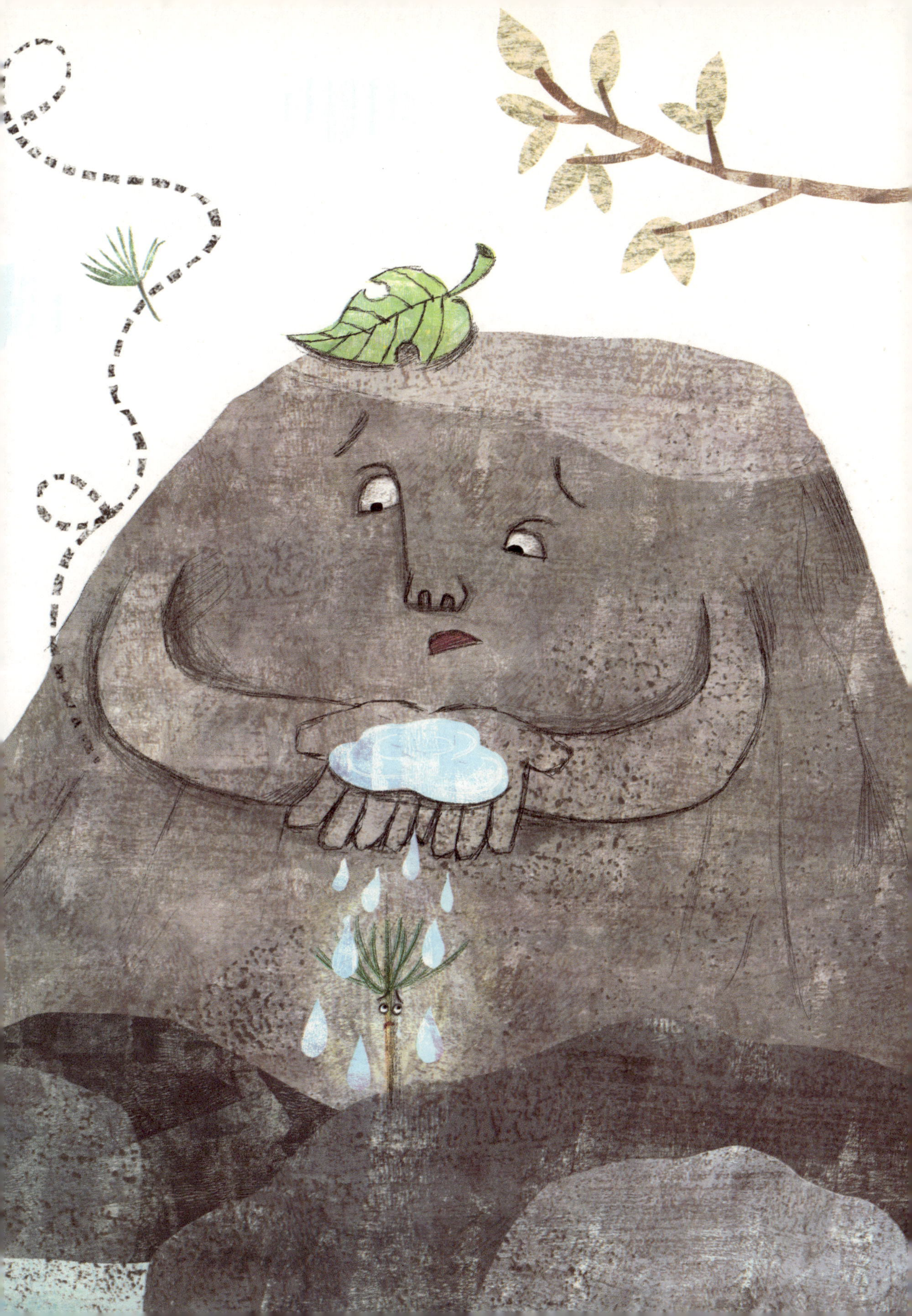

这样，就可以保持岩石缝里的水分了。

秋天过去了，冬天也过去了，又到了一个阳光明媚的春天。

"大岩石叔叔，我的身体好奇怪啊，一直很痒，而且好像要变大了似的。"

"看来你要长出根来了呢。虽然会很疼，但是往我身子里扎根吧。"

大岩石把身体献给了种子。

种子用尽全力把树根扎到岩石里，过了几天竟长出了新芽。

"辛苦了，孩子。你终于也可以扎根了，真是件高兴的事儿啊。"

大岩石毫不吝啬地称赞种子，给了种子莫大的勇气。但是到了夏天，种子又感觉有点吃不消了。

"大岩石叔叔，太热了，我感觉全身都要烫伤了。"

暴晒在酷热的阳光下的种子非常吃力、非常难受。好不容易熬到了秋天，种子却更加难受了。

"大岩石叔叔,感觉太挤了,我都快呼吸不了了。呃呃呃。"

种子的身体一直在长,现在的岩石缝对种子来说已经太挤了。听着种子的呼喊声,大岩石也只能等着冬天到来。

"孩子,再忍一忍吧。等到了冬天,缝隙就会变大的。"

天气变冷之前,大岩石把每一滴雨水都小心翼翼地珍藏了起来。冬天到了,天上下起了雪,河水也冻住了。

"啊——啊!"

大岩石发出一阵痛苦的呻吟声,整个山谷的树木都被震得动了一下。这是大岩石被劈开的声音。从岩石缝里渗进去的水结成冰的时候,体积会变大,这些冰把大岩石的身体劈成了两半。

"孩子,现在好点了吗?"

大岩石问道。

"是的,谢谢叔叔。缝隙变大了,现在我感觉好了很多。"

种子摇着枝叶高兴地说道。

"那就好，只要能让你舒服，我为你做什么都愿意。"

时间一年年地过去，大岩石每年都悉心照顾着种子。

可是每当种子的身体长大一些，大岩石的缝隙就会变得更大一些。而且种子的根扎进大岩石里面，又会形成新的缝隙，这时大岩石的身体就又会脱落一部分。

相反地，种子慢慢长成了一棵漂亮的松树。那些在土地上扎根成长的松树，有些被洪水冲走了，有些被台风刮倒了，但是岩石里的松树却不用担心这些。

"大岩石叔叔，谢谢你。我现在能长成漂亮的松树全都是你的功劳啊。"

种子现在终于知道了，土是岩石经过漫长时间的冰冻、植物根的破碎、风雨的磨合等痛苦以后形成的东西。

> 很久很久以前，地球上没有土，大部分都是岩石。后来，岩石因为温差、风雨的侵蚀等原因慢慢破碎，渐渐变小，然后与动植物形成的有机质混合形成了土。

可以说，岩石之所以能忍受这么多的痛苦，完全是为了拥抱生命。

谢谢

科学藏在童话里

地表的变化

土的诞生

土在成为土以前是岩石或者石头，坚硬的岩石破碎而形成土……这中间到底发生了什么事情呢？我们观察一下土形成的过程就能知道其中的秘密了。

巨大的岩石因为温差的变化、风雨的侵蚀而慢慢破碎。这是大自然风化作用的结果。

大岩石随着水流相互碰撞，继续受到风化作用，渐渐变为小石头。

小石头继续破碎，变成小石粒。

经过更长的时间，小石粒会破碎得更小，然后与各种有机物混合最终形成了土。

多样的风化作用

风化作用指的是大岩石由于温差的变化、风雨的侵蚀、植物根的破坏等破碎成更小的颗粒的现象。风化作用在大自然中无时无刻不在发生，只是因为需要经过很长的时间我们才能看到风化的结果，所以我们平时无法轻易感觉到风化作用的存在。

▲由于昼夜温差和季节温差的风化

如果昼夜温差大的话，岩石的体积会反复膨胀、收缩，最终岩石会破碎。季节温差也是以这种方式作用于岩石的。

▲由于雨水的风化

渗进岩石缝里的雨水到了冬天结冰时体积会变大，岩石会由于这些冰的挤压而形成缝隙或者裂开。

▲因为植物的风化

植物的根在岩石缝隙不断成长的时候，岩石也会破碎。

▲由于风的风化

在沙漠等风很大的地方，强风会一点点侵蚀岩石，使岩石一点点变碎。

▲由于海浪的风化

海边的岩石会因海浪的不断冲击而破碎。

▲由于江河的风化

江河里湍急的水流会冲碎岩石，同时石头也会随水流的流动而互相碰撞、破碎。

改变土地的江河

流动的水会冲刷土地的表面，而且把冲刷下来的部分搬运到其他地方或者堆积到其他地方，从而改变周围的地形。观察一下江河的流动是如何使地表发生变化的吧。

河的下游

- 河面很宽，河底平坦。
- 几乎没有倾斜，河流流速很慢。
- 河两岸有村落，有防止河水漫过的河堤。
- 从上游和中游冲刷带来的土会在下游堆积起来。
- 堆积作用：冲刷带来的石头、土等沉积在河底或者海底的现象。

河的上游

- 河面狭窄，河流流速快。
- 倾斜大，有瀑布、峡谷等。
- 有冲刷两岸泥沙和沉淀沙石的现象。
- 有很多的礁石和岩石，大部分表面粗糙有尖锐的部分。
- 侵蚀作用：河流经过的地方会出现冲刷河底或者是冲刷岩石、礁石和泥沙的现象。

河的中游

- 河面比上游宽。
- 倾斜较缓，流速比上游慢。
- 有搬运沙子和土的作用。
- 江边有很多沙子和碎石。
- 搬运作用：河水将石头、土等搬运的现象。

★除了河水，地震、山体滑坡、洪水、火山爆发、波浪、冰河、风等自然现象都能不断改变地表的面貌。

在河的上游产生的侵蚀作用在下游不会产生吗？

在河的上游产生的侵蚀作用在下游同样会产生。侵蚀、搬运、堆积作用在河的任何地方都会产生。只是由于河流流速的不同，上游主要是侵蚀作用、中游主要是搬运作用、下游主要是堆积作用。

给蛇尾巴挂铃铛

警报！

"警报！警报！重大警报！"

莲花池的浮游丛里突然吵闹起来了。

"什么事啊？"

"莫非狭口蛙放屁了吗？"

为了躲避酷热的阳光而在阴凉底下打盹的青蛙们嘟囔着来到了空地上。

"什么事情啊，这么着急？"

跟青蛙一起来的麻雀问受了惊吓的蟾蜍。

"蛇出没了。"

"蛇，你是说蛇吗？"

听说是蛇，大伙儿像泼了冷水一样安静下来了。

"是蛇没错吗？身体被鳞片覆盖，没有腿，会爬行，还吐着舌头的蛇，是吗？"

麻雀瞪大眼睛再次问道。

"嗯嗯，身体从头到尾连在一起的蛇。"

"蛇的眼睛没有眼皮，但是有像玻璃一样透明的膜，这也看到了吗？确定是蛇吗？"

这次狭口蛙问道。

"是啊，貌似是这样的。"

"唉——蛇出没了，该怎么办啊？"

青蛙不由自主地叹了口气。

"哈哈哈，这有什么好担心的啊？跟蛇面对面决战就可以了。"

老鼠从青蛙群中挤出来，说道。

"老鼠，你有什么好办法吗？"

"当然了。"

"是吗,有什么办法?"

"只要我们装上一种设备,蛇一出现就能马上知道。"

老鼠抬起它那傲慢的头得意扬扬地看着其他动物。青蛙对老鼠故意卖关子很不满,它大声喊道:

"说明白点!我们的头已经够疼的了!"

"知道了。简单地说就是在蛇的尾巴挂上铃铛就可以了。只要蛇一动,我们就能听到叮叮当当的响声,这样就可以提前知道蛇要来了。"

"哇,那真是个好主意呢!"

听到老鼠的点子很新奇也很管用,动物们都很叹服。就在大家连连称赞之际,麻雀说了一句话,赞叹声一下子变成了叹气声了。

"那么，那个铃铛由谁去挂呢？"

"呃，这个嘛……蛇虽然视力不好，但是对地面的震动非常敏感，嗅觉也很发达，能神出鬼没地找出食物。所以谁敢到这么恐怖的蛇身边啊？"

青蛙们一想到蛇就全身发抖。

"能不能等到蛇冬眠之后再悄悄地挂上去呢？"

青蛙听到蟾蜍的话，大发雷霆。

"你这个笨蛋！我们不也要冬眠吗。"

"那么就让不冬眠的老鼠或者麻雀去挂上啊。"

"是啊，哺乳类和鸟类有稳定的体温，所以它们是不需要冬眠的。"

大家议论纷纷，就在这时候。

"大家别担心，我去挂！"

原来是狭口蛙。

"狭口蛙，你真的可以吗？"

> 蛇、青蛙等爬虫类动物和两栖类动物的体温会随周围环境温度的变化而改变。到了冬天，它们的体温会下降，为了防止被冻死，它们会到地底下冬眠。

"当然，我的皮肤能产生毒液，蛇也奈何不了我。"

狭口蛙向大家自豪地展示了自己凹凸不平的后背，然后骄傲地离开了。但是，去挂铃铛的蛤蟆好几天都没有回来。

"看来狭口蛙被蛇吃掉了。这次该我去了。"

麻雀一脸决然地站了出来。

"你想去就去吧，但千万别想着报仇。只要能在蛇的尾巴上挂上铃铛就行了。"

"知道了，别担心。"

麻雀摇动着细小的腿，蹦蹦跳跳地走了。没想到，那竟然成了和麻雀的最后一面。

"啊！狭口蛙、麻雀都没能回来。因为老鼠那愚蠢的想法，我们永远失去这些好朋友了。"

体温稳定的鸟类和哺乳类动物一般不会冬眠。但是由于冬天很难找到食物，所以熊、兔子等动物也会冬眠。

青蛙拍打着地面，痛苦地说道。

"现在伤心也晚了。最后我去看看吧。"

老鼠想对自己说过的话负责，于是挺身而出了。青蛙和蟾蜍担心地看着老鼠。

"这样下去，这个草丛里很快就只剩咱俩了。"

"是啊，怎么办？这样我们都会成为蛇的美食呢……"

太阳快下山的时候，青蛙和蟾蜍来到空地上碰面，它们想看看老鼠回来没有。

"哈哈，我成功了！"

老鼠拖着伤痕累累的身体回到了草丛里。老鼠觉得自己做了一件非常伟大的事，非常高兴。不久，小动物们在草丛里举行了一次盛大的宴会，庆祝老鼠做了件历史性的伟大的事。

"哇，老鼠万岁！你是我们的英雄！"

蟾蜍和青蛙连连称赞老鼠。生活在莲池里的鲤鱼和桃花鱼虽然不知道发生了什么事情，但也跟着一起称赞起来。

就在这时。

叮当……叮当……叮当……

草丛远处响起了叮当声，那分明就是铃铛碰到地面的声音啊。

"是蛇！"

老鼠大声喊道。蟾蜍和青蛙吓得急忙寻找藏身之处。

"往这边来了！"

青蛙只露出两只眼睛循着声音的方向望去。叮当声越来越大，有什么东西出现了。那是一条非常长且蠕动着的东西，看着像是蛇。不过蛇是以S形蠕动的，但是这个家伙却前后蠕动。而且它的头不像蛇一样，只有嘴没有眼睛，头贴着地面行走。

"天哪！那不是蚯蚓吗！"

青蛙首先跳了出来，随后老鼠和蟾蜍也出来了。虽然比以前看到的所有蚯蚓都要大，但是，那分明就是蚯蚓啊。

蚯蚓不耐烦地说道：

"喂！谁帮我把这个铃铛摘掉啊。不知是哪个调皮的小子，竟然在我睡着的时候把这个铃铛挂在我的尾巴上了。真是活得久了啥事都能碰到哇。"

老鼠看看青蛙的脸色，赶忙帮蚯蚓拿掉了铃铛。青蛙看到这情景，拉下脸地说道：

"蟾蜍，你看到的莫非就是蚯蚓？我们就为了在这个蚯蚓尾巴上挂个铃铛而折腾到现在吗？"

老鼠和蟾蜍什么话也说不出来。

"你说的蛇到底在哪里啊?"

这时候,曾经消失的狭口蛙和麻雀也出现在了草丛里。它俩在草丛里找了好久都没找到蛇,这不刚刚才回来的。

"幸亏是蚯蚓呢,如果真的是蛇的话,它们不全都失去生命了吗?"

以为被吃掉的朋友们都平安地回来了,青蛙庆幸地说道:"以后大家看到蛇就撒腿跑吧,这才是我们的生存之道啊。"

动物世界①

科学藏在童话里

按特征分类

根据形状分类

有翅膀
翅膀是会飞的动物具有的最大特征。

鹤

有毛
毛具有保暖和保护身体的作用。

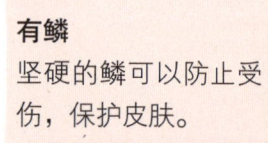

老虎

有鳞
坚硬的鳞可以防止受伤，保护皮肤。

鲤鱼

巨型乌龟

有坚硬的壳
坚硬的壳可以抵御其他动物的攻击。

皮肤光滑
光滑的皮肤可以防止被抓到。

青蛙

根据食物分类

草食动物
吃植物的动物。

杂食动物
植物和动物都吃的动物。

肉食动物
吃其他动物的动物。

根据腿的个数分类

两条腿
鸭子、海鸥、鹰、雕、麻雀、鸽子等。

四条腿
狗、猪、大象、乌龟、鳄鱼、熊等。

六条腿
甲壳虫、蜻蜓、蚂蚁、蝴蝶、蜜蜂、苍蝇等。

多于六条腿
蜈蚣、蜘蛛、鱿鱼、章鱼、蟹等。

没有腿
蚯蚓、蛇、蜗牛、鲍鱼等。

眼镜蛇

动物的分类

我们可以按照多种标准来对动物进行分类，但是在生物学上动物大致分为有脊椎的脊椎动物和无脊椎的无脊椎动物。

脊椎动物

脊椎动物有可以在天上飞或者背部有脊柱等特征，但是脊椎动物的特征大体包括以下几个大的方面：

1. 产子　　2. 产卵　　3. 哺乳
4. 恒温动物　5. 变温动物　6. 用鳃呼吸
7. 用肺呼吸　8. 用皮肤呼吸

哺乳类

身体以毛覆盖或者皮肤较厚，产子哺乳是哺乳类动物最大的特点。哺乳动物中也有产卵哺乳的特殊的哺乳类动物。熊、狮子、大猩猩和人等都是哺乳类动物。

1　3　4　7

猴子

鸟类

身体被羽毛覆盖，有翅膀、有鸟喙。喜鹊、鹦鹉、老鹰等鸟类会飞，而鸡、鸵鸟、企鹅等鸟类不会飞。

2　4　7

鸭子

爬虫类

蜥蜴

身体纤细、坚硬，后背有坚硬的壳。大致可分为乌龟类、蜥蜴类、鳄鱼类、蛇类。

| 2 | 5 | 7 |

两栖类

蟾蜍

小时候生活在水里，用两鳃呼吸，长大后到陆地上用肺和皮肤呼吸。青蛙、火蜥蜴、蟾蜍等都是两栖类动物。

| 2 | 5 | 6 | 7 | 8 |

鱼类

鲤鱼

生活在水里，有两鳃，体型大部分是流线型，因为流线型有助于游动。鳗鱼、泥鳅、鲨鱼、湘鱼、黄貂鱼、鲤鱼、草鱼等都是鱼类。

| 2 | 5 | 6 |

无脊椎动物

无脊椎动物一般是指蚯蚓、昆虫等通常被叫做虫子的动物。它们体型都很小。

蚯蚓

流浪猫鼬佑佑的世界旅行

在长着矮草的草原上生活着猫鼬兄弟。猫鼬兄弟正挖着洞，但是猫鼬老弟佑佑不想干活儿。

"挖洞太费力气了，我要出去看世界。"

就这样，佑佑离开了草原到世界各地流浪去了。树木茂密的雨林、波涛汹涌的海边、白雪覆盖的极地、沙子无疆的沙漠等地方，佑佑都去过。流浪了几年以后，佑佑又回到了草原上。

"小弟啊，这几年你做了些什么啊？"

猫鼬兄弟们欢迎好久没见的小弟。佑佑在大家的簇拥下，自豪地说出了自己流浪期间的见闻。

"兄弟们，你们认为这个草原是世界的全部吧？"

"那你的意思是说这世界上除了草原还有别的吗？"

"当然，从这里一直往南走，就会到达树木茂密的雨林。那片雨林里有比狮子还要厉害的老虎。"

佑佑张大嘴努力装出老虎的模样。猫鼬兄弟们想象着老虎的样子，也跟着佑佑一起张大嘴巴。但是，没见过老虎的猫鼬兄弟们装老虎就像是在装小猫。

"哈哈哈，兄弟们你们是在装小猫洗脸吗？"

佑佑捧腹大笑，兄弟们觉得很尴尬。

"小弟啊，除了雨林和老虎，你还去过哪些其他地方见过哪些别的些动物啊？"

猫鼬大哥想改变一下尴尬的气氛，问了起来。

"从雨林再往南走就会看到湖和江。那里也有很多神奇的动物，有鲤鱼、鲶鱼等很多种鱼。"

"还有小海螺、小虾等。其中最好笑的动物就是水獭，它能仰面躺在水面上一边游泳一边吃东西。"

佑佑躺在地面上装出游泳的样子，兄弟们也跟着佑佑躺在地面上挣扎着。佑佑看到兄弟们的模样又笑了起来。

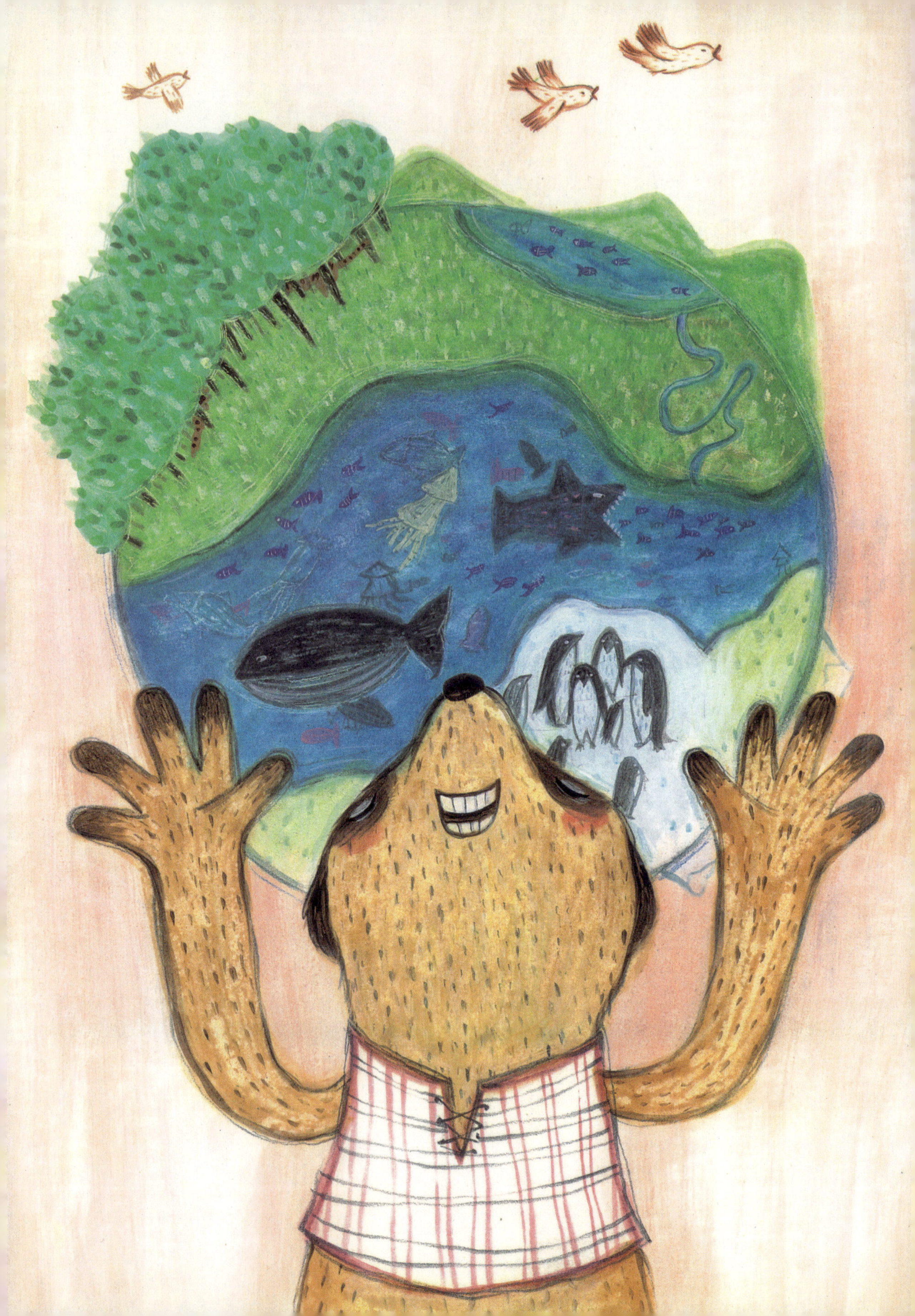

"那不是什么水獭，那只是一条被掀翻的乌龟在挣扎。"

据统计，现已发现的生物约为170万种，再加上尚未确认的，可能达到1250万种。

兄弟们看到佑佑笑话它们，感到很羞愧。

"小弟啊，除了湖水，其他的地方也有动物吗？"

这次，姐姐拍着佑佑后背的灰尘问道。

"沿着湖、江河继续往下，就会看到大海。大海很宽广，一眼望不到边，大海里生活着非常多的动物。"

"大海里有恐怖的鲨鱼、很多腿的鱿鱼和章鱼、扁平的黄貂鱼、侧走的螃蟹、有着坚硬外壳的鲍鱼等。其中最好笑的是海豹，海豹的腿是鱼鳍，所以在海里游得很快，但是在陆地上走起路来却摇摇摆摆，走得非常缓慢。"

佑佑装出海豹的模样，蹒跚地走着，还不时拍拍手掌，用鼻子吭

一声,看着很像海豹。

"哇,好神奇,真的有这么走路的动物吗?"

"天哪!真没想到还有这种动物呢。"

兄弟们跟着佑佑模仿起海豹来,边模仿边大声笑了起来。佑佑又插了一句。

"其实海豹不算什么。越过大海一直往北走或者往南走,就会到达整年都被冰雪覆盖的非常寒冷的地方。"

"那么冷的地方也有动物吗?"

"当然了,北极有毛茸茸的白狐狸和熊。"

地球上最冷的地方是南极和北极,南极和北极生活着不同的动物。企鹅只能在南极看到,北极狐和北极熊只能在北极看到。

"南极有企鹅。企鹅是非常有意思的动物，它不能飞，但却是鸟。企鹅走路是这个样子。"

佑佑装出企鹅的样子，穿梭在兄弟们当中。兄弟们看到走路怪怪的佑佑，全都跟着它学。

"哈哈哈，这个也挺好玩的。"

佑佑看到兄弟们不熟练地学着企鹅走路，又大笑了起来。

"哈哈哈，那个不是企鹅，倒像是被蛇咬了一口似的。"

听到佑佑的嘲笑，兄弟们又感到尴尬了。

兄弟们因为没看到企鹅所以没有反驳佑佑，但是它们心里有点生气了。佑佑不知道它们的感受，还一直嘲笑它们，继续说着自己看到的其他动物。

"世界上有很多动物。动物们都努力让自己适应自己生活的环境。生活在水里的鸭子和脚上长着脚蹼的青蛙，天上飞的鸟有翅膀和鸟喙。还有的动物生活在漆黑的洞里、非常深的海水里，甚至一滴水都没有的沙漠里。"

听佑佑讲趣闻的兄弟们开始一个接一个地走了。

"小弟在环游世界的时候我们都做了些什么呀?"

"还能做什么,为挖洞每天都辛苦地干活呗。"

兄弟们回到自己的洞里,聊了起来。

兄弟们都走了,只剩佑佑自己了。到了晚上,佑佑还没找到住处。

"草原里有可怕的狮子和鬣狗,我该睡在哪里呢?"

佑佑看了看周围,还是决定去找兄弟们,想在兄弟们的家里住一住。

"哥哥,让我睡一晚上吧?"

佑佑请求兄弟们,但是兄弟们很不愿意。

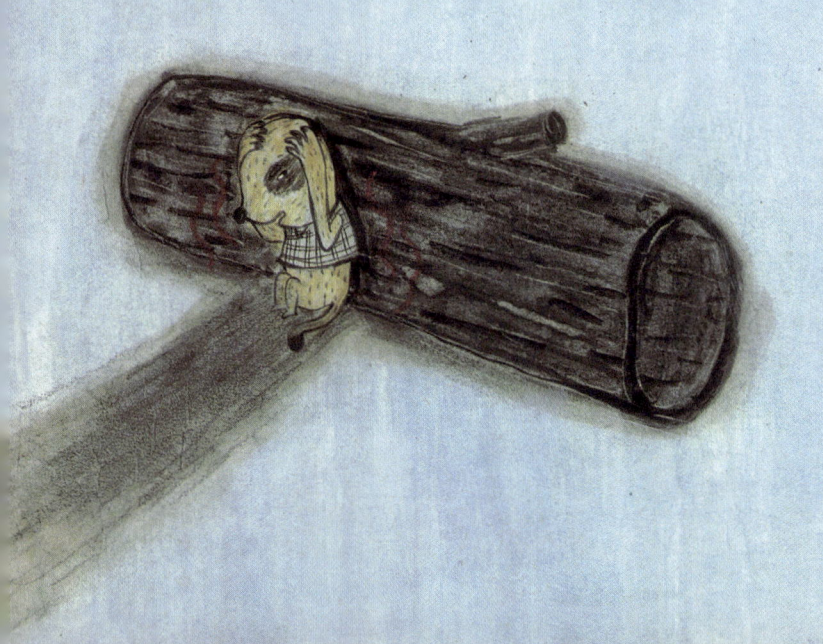

"小弟啊,很抱歉,我们的洞太小了,没有住的空间。去其他地方看看吧,你对世界那么了解,肯定很快就能找到住的地方。"

兄弟们没有人收留小弟。

佑佑只好在恐怖的草原里哆哆嗦嗦地熬了一晚上。虽然流浪世界经历了很多事情,但是连自己住的洞都没有挖,佑佑感到很后悔。

科学藏在童话里

动物世界②

动物的住处和特征

在自然界，动物们为了生存不断改变自己来适应周围的环境，因此动物们的特征都跟它们生活的环境有很大的关系。

	生活的环境	动物的特征	动物的种类
陆地上生活的动物	有土壤、草丛和树林。草丛、树林、地洞、岩石缝等地方为动物提供了休息和藏身的地方。	有腿并且会走路、蹦跳的动物居多。没有腿的动物会爬行。用肺呼吸。	狮子、猫、浣熊、老虎、地鼠、蚂蚁、蜗牛、蛇等。
天空中生活的动物	空中没有休息的地方，因此不能总在空中飞，偶尔会落到地面。	大部分有翅膀，也有腿，能在陆地上行走。用肺呼吸。	鸟类、昆虫等。没有翅膀也能飞的动物也有，飞鼠就是利用前肢和后肢之间的膜，在空中飞行。

	生活的环境	动物的特征	动物的种类
海洋里生活的动物	大海很深很辽阔，生活着很多动物。海水盐分多而且海水里没有空气。大海与陆地相连的区域有滩涂和海岸。	有鱼鳍，身体呈流线型。主要移动方式是游泳或者爬行。主要用两鳃呼吸，也有用肺呼吸的动物。大部分产卵繁殖。	青鱼、鱿鱼、鲍鱼、黄貂鱼、鲸鱼、螃蟹、海豹、牡蛎等。
江、河、湖里生活的动物	没有盐分的内陆水，跟陆地相连。有丰水和枯水的时期。湖里的水不流动，但是江水是流动的。江、河、湖里没有空气。	有鱼鳍，身体呈流线型。主要移动方式是游动或者爬行。主要用两鳃呼吸，大部分产卵繁殖。	鲤鱼、鲶鱼、桂鱼、草鱼、螃蟹、龙虾等。

动物的长相

相同类型的动物由于食物、环境等的不同长相也会不同。而长相相似的动物也有可能是完全不同类型的动物。观察动物们的长相，可以知道它们是如何适应环境的。

由于食物不同而长相不同的动物

由于鸟的种类不同，它们的鸟喙长得也不一样。因为不同的鸟的捕食环境不一样、食物的类型和捕食的方法也不同，所以它们的鸟喙也不同。

白头鹰的鸟喙是上半部分尖锐，向下弯曲，可以捕食小动物。

麻雀的鸟喙很厚，喜欢寻觅大米或者草籽儿。

暗绿绣眼鸟喜欢吃蜂蜜或者昆虫，所以有尖锐的鸟喙。

大鹤的喙很长，喜欢捕食鱼类。

绿头鸭的喙很宽，喜欢吃果实、草籽儿、昆虫等。

鹦鹉的喙很厚而且呈弯弓状，喜欢吃坚硬的果实。

长相相似却是完全不同类型的动物

生长在海底的鲨鱼和虎鲸的身体和长相都很相似。但是鲨鱼是鱼类而虎鲸是哺乳类。虎鲸生活在海里，却跟陆地上的哺乳类动物一样产子、哺乳。

鲨鱼

虎鲸

蝙蝠像鸟类一样能在天上飞，但它不是鸟类而是哺乳类。蝙蝠前脚掌之间连接的皮也就是翼可以用来飞翔。蝙蝠是哺乳类动物里唯一能自由飞翔的动物。

蝙蝠

白头鹰

彩虹年糕岩石

在一个小村子里,住着一位卖打糕的叔叔。有一天,这位卖打糕的叔叔正用头顶着打糕经过一个山顶,一只兔子慌慌张张地跑了过来。

"叔叔,快点儿把我藏起来吧。"

"怎么了?"

"老虎想吃掉我,正追着我呢。"

"知道了。藏到我的背架上吧。"

叔叔把兔子藏到了背架上。

不一会儿,老虎追了过来。

"喂，卖打糕的，有没有看到一只兔子？"

老虎露出黄黄的牙齿，看了看四周。

"没看到啊。你找兔子干吗啊？"

"当然是饿了想吃掉它啊！"

"哎呀，那好办。我给你彩虹糕，你吃这个就不要吃兔子了。"

卖糕的叔叔从背篼里拿出一块彩虹糕给了老虎。

"哇，真好吃！"

老虎咬了一口彩虹糕，就被它迷住了。因为彩虹糕非常好吃，于是老虎就向叔叔提出了一个无理的要求。

"喂，卖打糕的，想活命就把所有的彩虹糕都拿出来！"

老虎露出黄黄的牙齿，挡住了叔叔的去路。卖打糕的叔叔只好把所有的彩虹糕都给了老虎。

"谢谢叔叔！"

老虎走了以后，兔子从背架里出来，连声感谢叔叔。

"不用谢，下次不要被老虎发现了。"

本来卖打糕的叔叔因为被老虎抢了所有彩虹糕都很伤心，但是看到兔子平安无事心情立马变好了。

"但是叔叔，彩虹糕有那么好吃吗？"

"当然。彩虹糕是把各种颜色的米粉一层一层堆积起来制作而成的，不仅味道好，还很漂亮呢。"

卖打糕的叔叔称赞着自己的彩虹糕，兔子听了想了想说：

"叔叔,那个海边的悬崖都是彩虹糕呢。别那么辛苦地制作打糕了,直接去那边摘下来卖吧。"

兔子担心叔叔亲自做彩虹糕会很辛苦,好心地说道。

卖打糕的叔叔和兔子一起来到海边的悬崖,看到悬崖,叔叔大声笑了起来。

"哈哈哈,兔子啊,这个不是彩虹糕而是地层啊,它是用岩石堆积成的。"

"岩石堆积成的吗?"

"是啊。一般来说,碎石和沙子、泥土等被河水冲刷下来,会在河的下游堆积起来,然后经过很长很长的时间硬化后就会形成这样的堆积岩。"

石头、岩石等按层堆积形成岩层。覆盖在原始地壳上的层层叠叠的岩层,是地球几十亿年演变发展留下的一部"石头大书",地质学上叫做地层。一般来说,先形成的地层在下,后形成的地层在上,越靠近地层上部的岩层形成的年代越近。但是如果发生地震、火山爆发等地质活动,地层会消失或者翻过来。

兔子听了叔叔的话，知道了悬崖上的不是彩虹糕，但它还是有不明白的地方。

"叔叔，那么为什么每一层的颜色都不一样呢？"

"那是因为岩层形成的时候，碎石的种类不同。黏土硬化后形成的岩石颗粒小得用肉眼看不到。它们会呈现出多种颜色，触感柔和，也不太硬，很容易掰开。"

卖打糕的叔叔背起背篓，继续说道。

"还有，沙子硬化形成的岩石颗粒较大，摸起来很粗糙。"

"那也好奇怪。黏土或者碎石堆起来能成为岩石……怎么可能是这样呢？"

"兔子啊，你好好想一想。泥土一直堆起来会变重吧？经过很长的时间，泥土下压的力量会很大。在这种重压下，下面的颗粒会相互混合硬化而变坚硬呢。"

听了卖打糕叔叔的耐心讲解，兔子点了点头。

沙子、泥土等一层层堆积起来经过长时间硬化形成的岩石叫做堆积岩。

把兔子送回家后，打糕叔叔赶回自己的家又开始制作打糕了。第二天，在去市场的路上，叔叔又碰上了那只老虎。

"喂，卖打糕的。给我点彩虹糕！"

老虎挡住了去路，抢走了卖打糕叔叔的彩虹糕。次日、再次日，老虎不讲理的行为一直持续着。

叔叔每天被老虎抢打糕的消息在动物中间传遍了，兔子也听到了这个消息。

"卖打糕叔叔因为救我陷入困境了啊。"

兔子感到很抱歉，于是去找卖打糕的叔叔。叔叔把剩下的最后一点糯米倒出来，做了彩虹糕。

"叔叔，明天我跟你一起去吧。我有教训老虎的好方法。"

第二天，卖打糕的叔叔背着彩虹糕，跟往常一样出发了。

"卖打糕的，今天的彩虹糕怎么样啊？"

老虎一如既往地出来挡住了卖打糕叔叔的去路。

"当然，但是我的彩虹糕给了兔子。"

卖打糕叔叔放下了背架。

背架里的兔子正一边吃着彩虹糕一边咧着嘴笑呢。

"你这个家伙竟然吃我的彩虹糕！我不会放过你的！"

老虎生气地咆哮着。

"老虎先生，不要生气。我找到了真的更好吃的彩虹糕。"

"什么？"

"在村子的下面、海边的悬崖上有很大的彩虹糕。我和叔叔正要去吃，老虎先生也一起来吧？"

"是真的吗？那赶紧去！"

听到有很大的彩虹糕，直流口水的老虎催促着。

兔子带老虎来到了海边的悬崖。那里真的有五彩鲜艳的巨大的彩虹糕。

"你看，全都是彩虹糕啊。"

兔子指着悬崖说。

"哇，真的是好大的彩虹糕啊。我要尝一尝！"

老虎张大嘴巴用力咬住了堆积岩。

"咔嚓、咔嚓！"

瞬间，老虎的所有牙齿都碎了。把坚硬的岩石当作彩虹糕用全力去咬了，难怪牙齿都碎了呢。

"哈哈哈，贪心的老虎，那不是彩虹糕，而是地层，是我们为了骗你涂上的颜色！"

兔子看着牙齿都碎掉的老虎喊道:

"叔叔,现在不用担心老虎了,多卖点打糕吧。"

"哈哈哈,谢谢啊,兔子。"

"哈哈,不用谢啊,叔叔救过我的命呢。"

老虎捂着碎掉的牙跑走了,兔子和卖打糕的叔叔高兴得手舞足蹈。从那以后,老虎每次看到彩虹糕都会害怕地逃走。

活该!

科学藏在童话里

地层和堆积岩

地层的形成

我们通常叫做石头的岩石是土、沙子等颗粒聚集起来硬化的结果。地层是这些岩石像三明治或者千层饼一样重叠形成的。下面我们就来了解一下地层是如何形成的吧。

地层是这样形成的

组成地层的黏土、沙子、碎石等物质叫做堆积物。堆积物按大小、重量的不同依次下沉,一般大的、重的堆积物先下沉。

1 黏土、沙子、碎石等物质由流动的河水搬运。

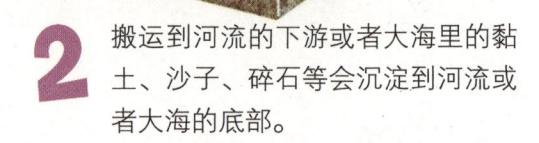

2 搬运到河流的下游或者大海里的黏土、沙子、碎石等会沉淀到河流或者大海的底部。

在哪里能看到地层呢？

我们可以在有大量堆积物堆积的地方看到地层，最具代表性的地方就是海边。在峡谷、由于山体滑坡或施工而凿开山体的地方也能发现地层。

韩国牛项里的堆积层

3 在堆积的物体上会继续堆积搬运过来的堆积物。

4 经过很长的时间，这些堆积物反复硬化，从而形成地层。

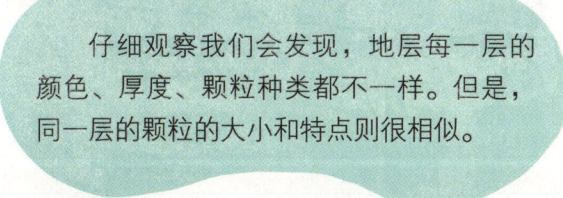

仔细观察我们会发现，地层每一层的颜色、厚度、颗粒种类都不一样。但是，同一层的颗粒的大小和特点则很相似。

地层的多种形状和意义

堆积岩至少有两层以上才能叫做地层。地层是从下面开始一层层堆积的,所以先形成的地层在下,后形成的地层在上,越靠近地层上部的岩层形成的年代越近。但是在漫长的岁月里,如果经历了地震、火山喷发等地质活动,地壳就会发生改变,地层的形状也会改变。

断层
地层受到很大的力量而断开的状态叫做断层。韩国釜安采石场的断层就是从中间断掉的。

韩国釜安采石场的断层

褶皱
地层受到很大的力量而弯曲的状态叫做褶皱。韩国釜安赤壁江有著名的褶曲地貌。

韩国釜安赤壁江的褶皱

堆积岩的种类

堆积岩是岩石堆积起来形成的岩石。黏土、沙子、碎石或者其他物质堆积起来都会形成堆积岩。根据形成堆积岩的颗粒不同，堆积岩的特征也有所不同。

泥质岩

黏土硬化后形成泥质岩，泥质岩的颗粒很小，很柔软，用肉眼看不到。

砾岩

由比沙子颗粒大的碎石硬化后形成的岩石，整体上比较粗糙，但碎石的部分光滑。

砂岩

由碎石堆积起来硬化而形成的岩石，比砾岩颗粒大，比较粗糙。

页岩

由黏土物质硬化形成的小颗粒易裂碎，很容易分裂成明显的岩层。

石灰岩

由水中的生物、骨头或者贝壳等生物的遗体堆积起来形成的岩石，非常光滑。

鱼粥味道的石头

从前有个宋老头，他非常贪心，就算是在新年夜也不会分给其他人一粒米，而且还威胁其他人归还借走的米。

"孩子饿得都哭了，求求你借给我一碗大米吧。"

"不行，仓库里的大米即使腐烂了也不会借给你们的！"

因为宋老头非常贪心，所以村里的人都很讨厌他。于是，村民们决定去山谷里的一个庙里找智慧大师。

"大师，请您教训一下我们村子的那个宋老头吧。"

听了村里人的诉苦，大师考虑了很久，最后还是决定满足村民们的要求。其实贪心并不能被指责，但是不顾村里人的痛苦就太不近人情了。

大师跟村民们一起来到了海边。

"大家看到那个岩石了吗？从陆地上冲刷下来的土、沙子、碎石等经过很长的时间的堆积就成了现在的岩石。"

"这个我们知道，但是大师为什么把我们带到这里来呢？"

一位村民忍不住问了一句。这时，大师敲了敲岩石，说道。

"如果大家仔细看，就会发现这种岩石里带有动物的卵、巢、脚印、排泄物或者植物的叶子、枝条等。"

说着，大师又敲了一下岩石，这次有很薄的一层碎石脱离了出来。看大师一直不慌不忙地敲石头，村民们有些着急了，再次问大师。

"大师，您到底为什么把我们带到这里来啊？"

"哈哈哈，不要着急。我马上就告诉你们原因。"

看到村民们都很着急，大师向大家展示了一块石头。

"大家来看一下，石头上印上了跟树叶一样的纹样吧？这种有生物的形状留在上面的石头叫做化石。"

"哇，好神奇啊。石头怎么跟树叶一样呢？你看，还有叶脉呢。"

村民们都觉得很神奇。

"现在大家就去找一下有鱼纹样的石头吧。如果找到的话，我就能让宋老头请你们吃美味的大餐。"

听了大师的话，村民们立马在海边分头找起鱼纹样的石头来。不知道过了多长时间，一位村民喊道：

"找到了，找到了！是印着鱼纹样的石头。"

于是，大师便带着村民找来的石头去找宋老头了。

化石大部分是在堆积岩发现的，但并不一定都是在堆积岩发现的。松树等针叶树排出的黏液硬化后的矿物叫做"琥珀"，琥珀的另一个特征是含有特别丰富的内容物，如昆虫、植物、矿物等。

看看这个。

"宋老头，我有一块有鱼粥味道的神奇的石头，想不想看一看啊？"

"石头能有鱼粥的味道？"

"当然了。如果把这块石头放进水里煮的话就能有鱼粥的味道。"

"哎呀，别说瞎话了！"

宋老头不相信大师的话。大师就往大锅里倒满水，烧起了火。水煮沸了以后，大师把石头放了进去。

"来，尝尝是不是有鱼粥的味道。"

宋老头舀了一勺尝了一口。

"哎呀，什么啊，除了烫，没什么味道啊？"

"哎呀，真奇怪啊。可能是因为没有米才没有味道的吧。你能放点大米吗？"

"知道了，但是这样能有鱼粥的味道吗？"

宋老头去仓库拿了些米。大师把宋老头拿过来的米放进锅里继续煮。过了一会儿，大米煮成了粥。

"现在应该有鱼粥的味道了。"大师说。

但是宋老头喝到的米粥还是没有鱼的味道。

"怎么尝也尝不出是鱼粥的味道啊……"宋老头很怀疑地问大师。

"可能是没有放调料的缘故吧。"

大师到厨房拿来了葱、蒜、盐、油等调料,把这些调料一股脑全都放进了锅里。

"现在有鱼粥的味道了吧?"

"现在这粥倒是能吃了,但还是没有鱼粥的味道啊。"

"是吗?那可能是因为没有鱼吧。你家里有鱼吗?"

"我前天去买菜的时候,买了一条鲤鱼回来,但是放上鲤鱼,这个石头还能有鱼粥的味道吗?"

"这个你不用担心,放了鲤鱼这个石头肯定就有鱼粥的味道了。"

宋老头把鲤鱼拿了出来。大师赶紧把鲤鱼收拾干净,放进了大锅里。

不久,大师又让宋老头尝一尝味道。

是鱼粥啊！

有鱼的味道

"嗯，还真是有鱼粥的味道呢。真神奇啊。"

宋老头尝了一口之后很吃惊。

"老头，可能我们的口味有问题，你让村里的人都尝一尝吧。"

"好的，如果村民们都说有鱼粥的味道，那我就把你的石头买下来。"

宋老头把村民们叫了过来，让他们也尝一尝粥的味道。

"粥是什么味道啊？"

"嗯。是鱼粥的味道呢。"

"真的是鱼粥的味道啊。"

村民们异口同声地说是鱼粥的味道。宋老头听了很高兴。

"哈哈哈，用石头煮粥卖肯定能赚大钱了。"

宋老头一边窃喜，一边问大师。

"大师，我给你多少钱，你能把石头卖给我啊？"

"哈哈哈，我这个僧人要钱有什么用啊。你给每个村民一袋米我就把石头给你。"

宋老头按大师的话给每个村民发了一袋大米。然后，宋老头赶忙把石头和大锅装上马车风风火火地朝市场赶去。

大师和村民们看着宋老头渐渐远去的背影，都偷笑起来。

科学藏在童话里

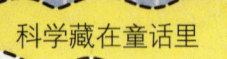

化石的秘密

化石的诞生

化石是存留在岩石中的古生物遗体、遗物或遗迹,最常见的是骨头与贝壳等。生物的遗体、遗迹或者遗迹留存在堆积物里硬化后才能被发现,所以化石的形成需要经过很长的时间。

化石是这样形成的

1 河底、湖底或者海底会埋藏一些生物的遗体、遗物或者遗迹。

2 堆积物会一直在这些遗体、遗物或者遗迹上堆积,形成坚硬的地层。

3 由于地壳的变动,地层上升形成陆地。

4 地层被风雨冲刷,化石会露出表面。

化石是这样被发掘的

1 到可能存在化石的地层，开始挖掘。

2 如果发现了化石，那么把化石周围的其他岩石打碎，从而把化石分离出来。

3 用糊了石膏的纱布裹住化石，安全地移送到实验室。

4 用多种工具和药品，把不必要的岩石消除掉。

5 把骨头按部位固定好，没有发现化石的部分可以用其他物品代替。

形成化石的条件

并不是所有生物死后都能成为化石，化石的形成需要同时具备以下几个条件：第一，生物的数量要多，而且骨头、壳、枝条等要坚韧或者坚硬。因为柔软的部分很容易腐烂，不容易留下痕迹。第二，生物体腐烂之前，必须能尽快被堆积物覆盖。第三，生物体硬化之前一直没有露出地面。

多种化石

成为化石的生物可能是动物也可能是植物，也可能是非常小的微生物。但是化石的种类并不在于什么成为了化石，而是化石是如何形成的。

琥珀

微体化石

就像琥珀里的昆虫那样，生物的形状完全保存下来或者生物的骨头等某一部分完全保存下来的化石。

琥珀印模化石具有硬体的动物与植物的茎等遗体在岩石中所留下的痕迹。

贝壳化石

模具化石

生物的尸体腐烂消失之后只留下轮廓，其他矿物质填充了该轮廓后形成的化石。

恐龙脚印化石

三叶虫化石

置换化石

在地底下骨头等生物的尸体里渗入了矿物质，维持了形状但是物质有改变的化石。

痕迹化石

脚印、卵、排泄物等生物生存过的痕迹留下来的化石。

化石的作用

1. 可以知道古代的生物是如何生活的。

   恐龙是已经灭绝的动物,但是通过化石可以知道其曾经在地球上存在过,并且可以大体了解它们当时的生活状态。

2. 可以知道生物的特性。

   通过观察恐龙卵化石可以知道恐龙是产卵的。

3. 可以知道生物生活时期的环境。

   通过树叶或者蕨菜化石,可以知道这些生物生活的地区在古代的时候是陆地,也可以知道该地区气候温暖,树木能长出树叶。

4. 可以知道生物是如何进化的。

   通过鱼的化石,可以知道现在的鱼类与古代的鱼类有哪些不同。

5. 可以知道生物的大小及速度。

   从恐龙脚印化石可以知道恐龙的体型有多大,跑得有多快。

贪心的蜜蜂

在五颜六色的花丛里住着漂亮的蝴蝶和可爱的蜜蜂。蝴蝶和蜜蜂是好朋友,但是它们偶尔也会因为蜂蜜而争吵。因为蜜蜂很贪心,总想多喝点儿蜂蜜。

有一天,蜂鸟邀请蝴蝶和蜜蜂到它家做客。

"蝴蝶,蜂鸟为什么邀请我们呢?"

"不知道呢。"

蝴蝶和蜜蜂很好奇地到了蜂鸟的家。

"你们好。"

蜂鸟非常热情地欢迎它们两个。

"路上辛苦了吧,先喝点儿水吧。"

蜂鸟给蝴蝶和蜜蜂每人倒了一杯水。蝴蝶的杯子底部较窄、杯身较高，而蜜蜂的杯子底部较宽、杯身较矮。

"蜂鸟啊，为什么我的水看着比蝴蝶的少呢？"

"什么？"

"你看看。我的杯子里的水比你的浅很多呢。"

蜜蜂比较了一下自己的杯子和蝴蝶的杯子，然后指着自己的杯子说。

"蜜蜂啊，不是你看到的那样。其实，你杯子里的水和蝴蝶杯子里的水是一样多的。"

"什么啊，一眼就能看出来我的少啊。"

蜜蜂拍着桌子发起火来。看到蜜蜂发火，蜂鸟感到很尴尬又很委屈，因为它明明给了两个人同样多的水。这时，蝴蝶看不下去了，挺身而出说道：

"蜜蜂啊，先不要发火。我们量一下我们俩的水是不是一样多吧。量完以后，如果你的水真的比我的水少，你再发火也不迟啊。"

"水的多少怎么测啊？"

"用蜂鸟的那个玻璃瓶就能测出来啊。"

蝴蝶把蜂鸟握着的玻璃瓶拿了过来，然后把玻璃瓶里的水倒出来，再把自己水杯里的水倒进玻璃瓶里。

"蜜蜂你看，水位到这里，是吧？"

蝴蝶用草叶标记了水位的高度，然后把水都喝了下去。

"再把你的水倒进去看看吧。"

蜜蜂按照蝴蝶的话，把自己水杯里的水倒进了玻璃瓶。水慢慢流入玻璃瓶，最后正好停在了贴了草叶的位置。

"你看，你水杯里的水也到了草叶这个位置吧。"

"嗯？真的呢。可是看起来分明是我的水少啊。"

蜜蜂挠了挠头。

"那是你的错觉。要知道，水可是液体啊。"

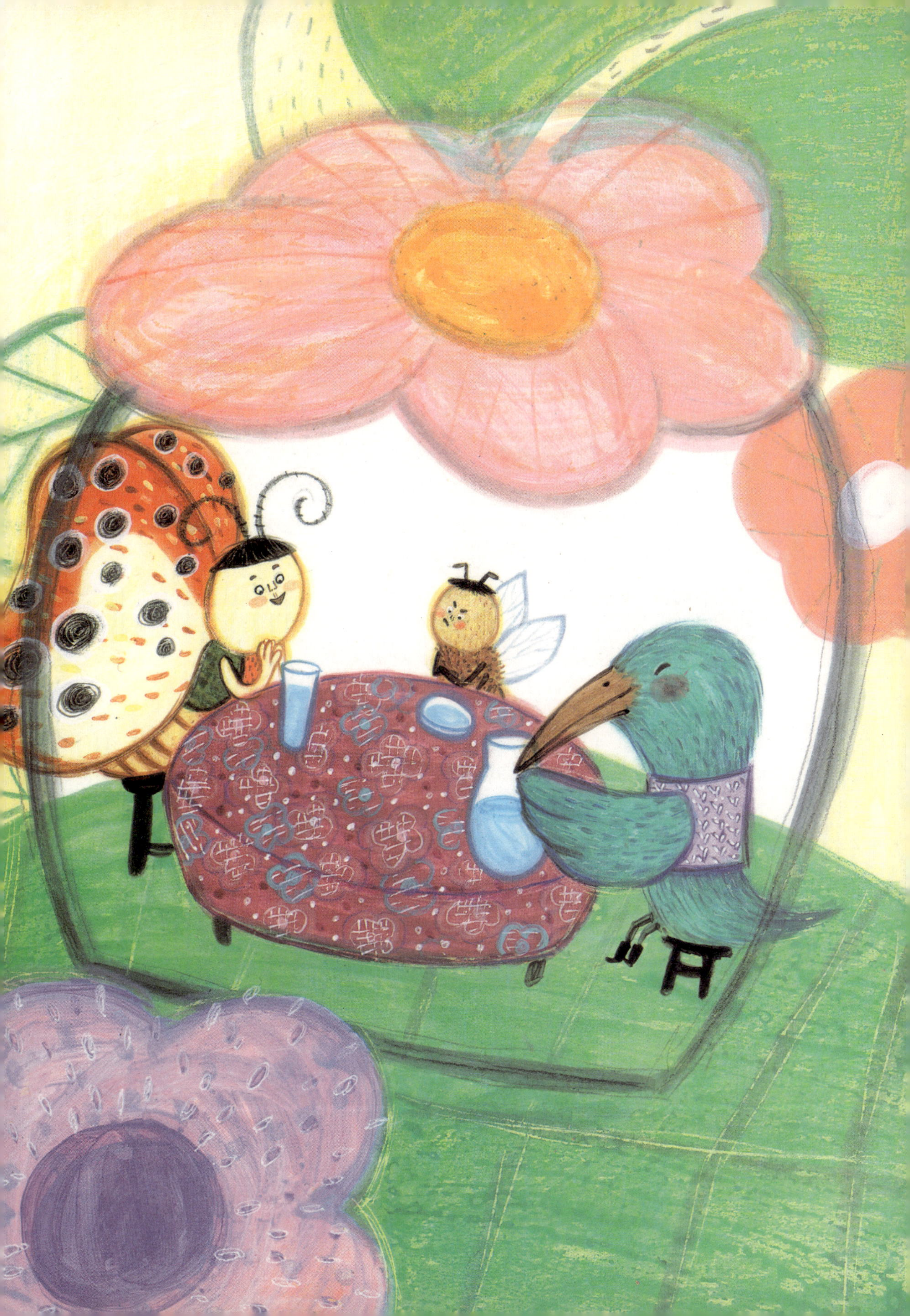

"相同体积的液体,所盛的容器不同形状也会不同呢。"

"是的,相同体积的液体,所盛的容器形状和大小不同的话,形状和体积看起来就会不一样。这是因为液体会随容器形状的变化而变化。"

蜜蜂仍然一副莫名其妙的表情。蝴蝶和蜂鸟一起耐心地给他解释。

"是吗,我还以为蝴蝶的水更多呢。嘿嘿。"

蜜蜂很惭愧地笑了一声。

"接下来我给你们兑上蜂蜜,快来吧。"

蜂鸟带着蜜蜂和蝴蝶来到了花园。

花园里有各种颜色的花杯子。蜂鸟给了蝴蝶和蜜蜂每人一个花杯。给蝴蝶的花杯是玫瑰花,给蜜蜂的花杯是海棠花。

> 体积是物体或者物质所占的空间大小。液体根据所盛的容器不同,形状会改变,但是体积不会变。

"蝴蝶的身体大,所以玫瑰花杯更合适,蜜蜂的身体小,海棠花杯比较合适。"

蜜蜂和蝴蝶接过花杯，蜂鸟很小心地给它们兑了蜂蜜。

"等一下！我的杯子为什么比蝴蝶的小呢？"

蜜蜂看着海棠花杯又发火了。

"没关系啊，蜂蜜的量是相同的。我会先量好水的体积，然后给你们俩一样多的好吃的蜂蜜。"

"不要，我要大杯子。"

"玫瑰花杯比你的身体还大，你举起来会很吃力的。"

"没事，我就要用玫瑰花杯。"

蜂鸟想安慰一下蜜蜂，但是蜜蜂就是听不进蜂鸟的话。最后蜂鸟没办法，只能把蝴蝶和蜜蜂的杯子换了一下。

"可是要倒多少水呢？"

蝴蝶问了一句。

"要想喝到好喝的蜂蜜水就用这个满天星花杯给你们的杯子里各倒三杯水就可以了。"

蜂鸟给了蝴蝶一个满天星花杯。

"嗯，知道了。原来这个满天星花杯就是量水的工具啊。"

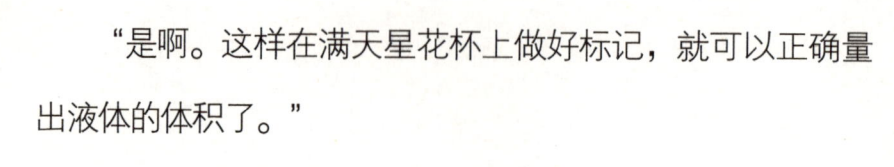

"是啊。这样在满天星花杯上做好标记,就可以正确量出液体的体积了。"

蜂鸟指了指满天星花杯上的刻度。

蝴蝶按蜂鸟教它的方法往海棠花杯里倒水。

"一杯、两杯、三杯!"

蝴蝶很准确地倒了三杯的量。

蜜蜂也开心地用满天星花杯往玫瑰花杯里倒水。

"一杯、两杯、三杯!"

倒了三杯水以后,蜜蜂看了看玫瑰花杯子。因为玫瑰花杯个头比较大,所以水量看上去可少了。

"不行,我要多放点儿水。"

蜜蜂继续倒水。

"哇,好多啊!"

倒了十多杯水以后,蜜蜂才露出开心的笑容。

为了喝到蜂蜜水，蜜蜂想举起玫瑰花杯。但是，玫瑰花杯比自己的个头还大，无论蜜蜂怎么用力，杯子都一动不动。蜜蜂只能把头栽到花杯里，往前弯腰去喝水。

"呃，这是什么啊？分明就是白开水嘛！"

蜜蜂喝了一口玫瑰花杯里的水，又发起火来。

"所以让你倒三杯水的嘛。你倒了那么多水，当然就只能是白开水的味道了。"

蜂鸟也不客气地回答道。

"我喜欢多的，三杯太少了。"

蜜蜂喊了起来。可是由于蜜蜂过度兴奋，身子一倾，把玫瑰花杯弄倒了。这下，蜜蜂全身都被蜂蜜水浇透了。

"呃！好黏啊。"

"来，快抓住我的手。"

> 可以通过滴在白纸上看颜色，闻气味或者摇一摇等方式来辨别液体是哪种液体。但是，直接闻气味很危险，所以千万要小心或者尽量少用这种方式来区分液体。

蝴蝶扶起了因为贪心而全身被浇透的蜜蜂。

"哎呀,你就不知道无论是倒三杯水还是倒十杯水,蜂蜜的量都是不变的道理吗?笨蛋!"

蜜蜂听到蝴蝶的训斥,脸一下子变红了。

科学藏在童话里

液体的性质

液体的多种性质

液体是状态像水一样的物质，例如醋、酱油、豆油、汽油、可乐等都是液体。液体具有独特的性质。

根据所盛的容器的不同，液体的形状会发生改变

由于组成液体的小颗粒的移动比较自由，所以根据所盛的容器的形状，液体的形状也会发生改变，但是体积不会变。

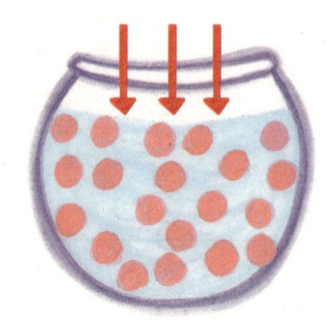

即使给液体施加力，液体的体积也不会改变

即使受外力的挤压，液体的体积也不会变小。这是因为组成液体的颗粒之间的距离很小。

有的液体容易混合，有的液体不容易混合

水和酒精容易混合，但是水和油却不容易混合。因此，液体中既有相互易溶的液体，也有相互不溶的液体。一般情况下，相互易溶的液体的性质比较相似。

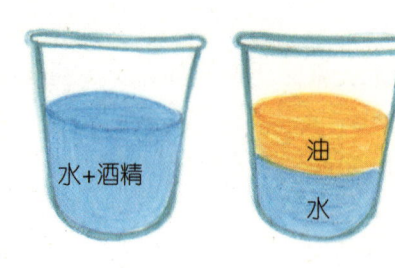

液体的种类不同，流动速度也不一样

在倾斜面上倒水，水会很快流下去，而豆油则会较慢地流下去。之所以流动的速度不一样，是因为不同液体的颗粒想脱离的力是不同的。液体这种黏稠的程度用黏度表示，黏度越大，液体越不容易流动。

我们一定要贴在一起！

我们分离吧。

豆油

水

酒精 水 食用油

液体蒸发的速度按酒精、水、食用油的顺序依次减慢。

液体可以蒸发

往盘子里倒水，液体的水会变成气体的水蒸气升到空中，这种现象叫做"蒸发"。不仅是水，其他液体也可以蒸发。但是，不同种类的液体蒸发速度也会不一样。

液体颗粒想维持球形的形状

液体的颗粒是球形的。即使用针扎破或用其他物体捅破，液体还是会恢复到原来的球形，这是因为液体要尽可能减少表面积。液体的这种性质叫做表面张力。

测量液体的体积

要测量液体的体积，把液体装进容器里就可以。要比较不同液体的体积就装进相同的容器，看水位就可以。这种测量液体体积的方法在我们日常生活中做料理的时候、给车加油的时候、兑奶粉的时候、倒洗衣液的时候等都很实用。

比较两种液体的体积

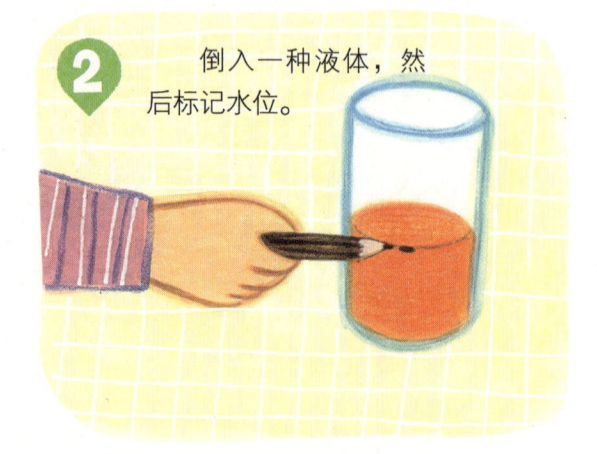

1 准备杯子。

2 倒入一种液体，然后标记水位。

3 在相同的杯子里倒入另一种液体，再标记水位。

比较标记的部分，就能知道哪种液体的体积大。

用有刻度的容器量体积

1 准备好能测量液体体积的量筒或者量杯，然后把液体倒进去。

2 读取刻度值的大小，就能知道液体的体积。读值的时候，视线要跟液体表面在同一水平线上，这样读出的数值才比较准确。

体积的单位

表示体积的单位一般是L（升）、mL（毫升），1L是1000mL。常见的盒装牛奶是200mL，大瓶矿泉水一般是2L。

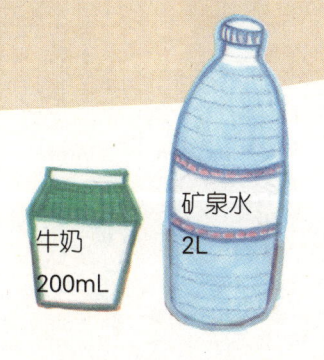

牛奶 200mL

矿泉水 2L

非常特别的春游

敏智要跟家人一起去春游了,她一整天都藏不住自己兴奋的心情。

"敏智,你干吗呢?"

哥哥敏俊问妹妹。

"嗯,给游泳圈打气呢。哥哥你也快点儿给这个球打气吧。"

正用打气筒给游泳圈打气的敏智,把身边的球递给了哥哥。

"明天才去春游,为什么这么早就打气啊?"

"还问什么啊,要早点儿准备啊。早点儿给游泳圈打气,到了不就能立刻玩了吗?"

敏智一直给游泳圈打气，不一会儿就汗流浃背了，但她还是很开心。

"敏智啊。你真是只知其一，不知其二啊。这么早给游泳圈打气的话，游泳圈的体积会变大，重量也会加重，不方便搬运啊。"

"我知道打气后的游泳圈体积会变大，但是重量也会增加倒真是很奇怪呢，空气也有重量吗？"

敏智知道空气是气体，气体没有特定的形状，但是也占有一定的空间。根据容器形状的不同，气体的形状也会变得不同。给游泳圈打气，游泳圈会鼓起来，就是因为气体体积发生了变化。

但是敏智不能理解给游泳圈打气为什么重量也会增加呢。

空气是多种气体混合而成的，包括氮气、氧气、氩气、二氧化碳等。这些气体都是透明的，这也是空气不可见的原因。

"给球打气,球不是更容易浮在水里吗?这么看来打了气,重量不是应该变轻了吗?"

听了敏智的话,敏俊决定好好给妹妹解释一下。

"气体是看不到摸不着的。但是气体跟液体一样,有重量。不信,我可以给你展示一下空气的重量啊。"

敏俊从敏智的桌上拿了一个直尺,中间用绳子缠住,让直尺保持平衡,这样就做成了一个水平秤。然后在直尺的一端缠上打了气的气球,另一端缠上没打气的气球。

接着，敏俊把直尺做的水平秤抬了起来，这时候缠着打了气的气球的一端垂了下去。

"你看，打了气的气球更重吧。"

"真的呀。哥哥上六年级了，懂得可真多啊。"

敏智看着敏俊微笑着说。

疑惑解开了，但是敏智的春游准备并没有结束。游泳衣、帽子、捕虫网……

"妈妈，这次春游去哪里啊？"

"嗯，这次要去一个特别的地方。那里有山有溪水，晚上还能看到亮闪闪的星星呢。"

"哇，真好啊！"

敏智高兴地跳了起来。

第二天，敏智很早就起来，帮爸爸准备春游的东西。但是就在东西全都装进车里、快要出发的时候，爸爸看着车轮皱起了眉头。

"车轮没气了呢，去汽车修理厂给轮胎打个气吧。"

"爸爸，怎么知道轮胎没气了呢？"

敏智问道。

"很简单，轮胎没气了就会变扁。你看，这个轮胎接触地面的部分跟其他轮胎不一样，有些平吧？"

爸爸指着没气的轮胎说。

"那么用游泳圈的打气筒给轮胎打上气不就可以了吗？"

想早点出发的敏智，从包裹里拿出了打气筒。

"很遗憾，这个打气筒不行的。"

"为什么呢？"

"汽车的轮胎需要打入很多空气，但是这个打气筒打气的力量太小了。"

轮胎不仅要承受车体的重量，还要承受所载的人和其他物体的重量，所以轮胎的空气压力很高。给轮胎打气比给游泳圈打气需要更强的力量，所以轮胎打气需要汽车专用空气注入器才行。

汽车轮胎跟气球、虾条包装一样，是一种通过充气占有一定体积的物体。不论容器是大还是小，都可以往里面注入很多量或者很少量的气体。因为容器里的气体会分散到容器的各个部位，所以如果容器里气体比较少，气体颗粒之间的距离就会拉长；如果容器里气体比较多，气体颗粒之间的距离就会变小。

爸爸开车进入了汽车修理厂，给轮胎打好气以后就驶入了高速路。

"妈妈，春游的地方有娱乐场吗？"

敏智很兴奋地问道。

"当然，有着世界上最大的游乐场。"

"真的吗？"

敏智很好奇他们要去的地方到底是哪里，但还是忍住没有问，因为再等一会儿就能亲眼看到了。敏智想着回去以后怎么跟朋友们炫耀，想着想着就睡着了。

不知道睡了多久，敏智被妈妈叫醒了。

"敏智，我们到了，快起来吧！"

敏智听说到了，很快跳出了车。但是这里不是春游的地方，而是姥姥的家。

"哎呀，这里不是姥姥家嘛！"

本来以为要去有游乐场的春游地的敏智很失望地看着妈妈。

"是啊。我们这次的春游地点就是姥姥家啊。"

"妈妈是骗子！这里哪里有游乐场啊？"

"难道我们敏智的眼睛看不到游乐场吗？你看，后山那边有滑坡，小溪那里有游泳场。妈妈像敏智这么大的时候就是这么玩的呢。"

正当敏智赌气的时候，姥姥出来了。姥姥抱起敏智，用脸摩擦着敏智的小脸蛋儿。

"哎呀，我们的敏智来了！"

"啊，您好。"

敏智很生硬地跟姥姥打了招呼。

那天，敏智一家在姥姥家的院子里搭起了帐篷，像在野外一样露营。随着时间推移，很多新鲜事物进入了敏智的眼睛。以前在姥姥家短暂停留的时候没有发现的很多东西现在都看到了。漆黑的夜空里的亮闪闪的星星，蚊香里飘出来的香气，轻轻地吹着头发的风，还有入睡之前隐约听到的妈妈和姥姥的对话……

"不经常来，真不好意思啊。"

"没事的，只要你们一切都好，妈妈就会感到很幸福。"

在姥姥家的这段时间，敏智找到了把这次春游叫做"特别的春游"的原因了。

科学藏在童话里

气体的性质

气体的多种性质

我们生活在被气体笼罩的世界里,但是却不容易感觉到气体的存在。气体既看不到,也摸不着。除此之外,气体还有很多其他性质呢。

气体用肉眼看不到

供我们呼吸的空气是由氧气、氮气、氦气、氩气、二氧化碳等气体组成。但是因为这些气体都是透明、没有颜色的,所以我们用肉眼看不到空气。

气体用手摸不着

气体用手摸不到的原因是组成气体的颗粒非常小,而且颗粒之间的空间很大。不过虽然我们摸不着气体,但是气体流动的时候我们却能感觉到它的存在,就像空气流动形成风一样。

气体根据所盛的容器不同，形状会不同，而且在所盛的容器里均匀分布

　　气体也是占有空间的物体，但是因为气体自由地活动，所以没有特定的形状，而是根据所盛的容器形状的不同而改变自身的形状。而且不管容器里气体量多还是少，都会在容器里均匀分布。所以，气体的体积就是容器的体积。

气体也有重量

　　在20℃的时候，把空气装进长、宽、高都为1米的容器里，重量是1.2千克。我们之所以感觉不到空气的重量，是因为我们的身体也以相同的力量从内部往外施力。

给气体压力，体积会变小

　　堵住注射器的一端，往里压活塞，与注射器装着液体的时候不同，活塞能压进去。这是因为气体的体积会根据压力的变化而变化。

气体的性质与我们的生活

我们的生活与气体密不可分。我们生活的世界被空气笼罩着,所以我们才能呼吸,才能生存。汽车、热气球、香水等很多利用气体的性质制作而成的物体影响着我们的生活。利用气体给我们的生活带来诸多便利的物体,它们中蕴藏着哪些科学原理呢?

利用气体占有空间的性质制作的物体

轮胎
为了吸收轮胎接触地面时候的冲击力,需要把空气注入轮胎里。

橡皮艇
注入空气后可以保持形状,而且重量又轻,可以漂浮在水面上。

饼干包装
在饼干包装里注入氮气,可以防止饼干腐烂,包装鼓起来可以减少外力的冲击,防止饼干碎掉。

利用不同气体重量不同的性质制作的氦气气球

相同温度、相同体积的每种气体的重量都是不一样的。氦气比空气轻很多，所以把氦气注入气球里面，气球就可以在空气中飘起来。

利用气体根据温度体积变化的性质制作的热气球

气体受热体积会变大，这是因为气体颗粒受热之后吸收能量，会更加活跃。热气球底下有加热空气的燃烧器，打开这个燃烧器加热空气，气球里面空气的体积就会变大，密度会减小从而使热气球变得更轻。这样热气球就能飞起来了。

利用气体容易扩散的性质制作的香水

把气体放进空容器里，气体会迅速扩散，并均匀地分布在容器里。喷洒香水时香气会飘到很远的原因也是因为气体这种容易扩散的性质。气体扩散的速度是根据温度和重量而变化的，温度越高、重量越轻，扩散得越快。

谁偷走了奶酪？

"啊，奶酪不见了！"

大半夜，老鼠学校的宿舍里吵了起来。老鼠兄弟们打算早上吃的奶酪块竟然消失不见了。

"奶酪消失了，怎么回事啊？"

老大走到眼含着泪水的老三面前问道。

"妈妈送来的奶酪不见了。"

老三指着桌子上空空的盘子说道。

"本来打算早上吃才留下来的奶酪消失了，是吗？"

"嗯，就这么凭空不见了。不知道是谁偷走了。啊，我的奶酪啊！"

老三的哭声响彻了整个宿舍。隔壁的生生也被吵醒了，它赶忙跑过来看个究竟。

"出什么事了？"

"不知道是谁偷走了我们的奶酪，姐姐。帮我们找回奶酪吧。"

老三看到生生立刻跑过去哭诉。

"知道了，姐姐帮你找，不要哭了。"

生生安慰了一下老三，然后把老鼠兄弟们聚集起来。

"你们当中有谁见过奶酪吗？"

"我见到了。"

老大是生生的朋友，他首先举起了手。

"是吗？你看到奶酪的时候是什么时候啊？"

"刚才闪电的时候。当时我被外面明晃晃的闪电惊醒了。那时候奶酪分明就在桌子上。可是不一会儿我又睡着了，以后的事我就不知道了。"

"所以，根据老大的话可以知道，刚才闪电的时候奶酪还在盘子里是吧？"

老大使劲儿点了点头。生生又问了起来。

"那好,除了老大还有谁看到奶酪了?"

"我也看到了。我被打雷声惊醒了,那时候奶酪还在呢。"

老二举起手回答。

"嗯?那好奇怪啊。我也被雷声惊醒了,可那时候奶酪就已经没有了啊,所以我才大喊大叫的。"

老三眨了眨大眼睛说道。

"嗯,那就是说老大和老二看到了奶酪,老三没看到奶酪是吧?"

"嗯!"

老鼠们大声回答道。生生仔细地想了想,然后查看了一下老鼠兄弟们的床。

"你们都说说你们的床是什么样的?"

"我的床是挨着窗的。"

老大指着距离桌子五步远的床。

老三没看到吗?

嗯,我没看到。

老大的床

老二的床

老三的床

"我的床在水池那一侧的厨房呢。"

老二也指了指自己的床。老二的床离桌子有七步远。老三指着门那边的床,说道:

"我的床在门那边。"

门边的老三的床离桌子有十步左右的距离。

确认完老鼠兄弟的床,生生从桌子所在的位置分别走到三个床边,而且躺在床上以后再跑到桌子所在的位置。接着,生生把三兄弟又聚集了起来。

"孩子们，奶酪是在闪电之后打雷之前这10秒左右的时间段内消失的。你们也知道，闪电是光，打雷是声音。光的传播速度很快，1秒内能绕地球7圈半，而通过空气传播的声音的速度却很慢。"

听着生生前言不搭后语的话，三兄弟异口同声地问道：

"为什么声音和光的速度不一样？我们一点儿也听不懂。"

生生把老鼠兄弟带到窗边。

"大家看看那里。"

生生指的地方有很亮的光。

"那里是村里的水箱啊。"

"是啊。水箱被闪电击中倒下以后，人们才聚集在那里的。"

生生转过身，继续说道：

"那个水箱离这里大概有3400米，而声音每秒能传播340米，所以在那里发生的雷声想在这里听到的话就需要10秒左右。"

老鼠兄弟终于知道生生为什么要说雷声了。

> 光和声音的传播速度是不一样的。光的传播速度是每秒30万公里，声音的传播速度是每秒340米。闪电10秒钟以后打雷的话，闪电的地方离听到声音的地方3400米。

"啊，知道了！我看到闪电起来的时候奶酪还在。老三听到雷声之后起来的时候奶酪已经没有了。那么就是说在闪电之后打雷之前10秒时间之内，奶酪消失了是吧？"

听到老大的解释，老二突然喊了起来。

"什么啊！我听到雷声起来的时候，奶酪分明还在呢。"

看到老二很生气，生生走到它面前说道：

"老二说的也没错。但是老二听到的雷声不是通过空气传播的。"

"什么？我听到的雷声是通过什么传播的啊？"

"就是通过水管传播的。"

生生敲了敲挨着老二床铺的水管，继续说道：

"这个水管跟水箱连着，老二的床又连着水管。所以老二听到闪电击中水箱的声音，误以为是雷声。"

"声音可以通过铁这种金属传播吗？"

"当然可以。声音在水等液体里的传播速度比在空气中快，而在铁等金属中的传播速度又比在液体里快。所以老二被弯弯曲曲的水管传来的声音惊醒时，也不过是闪电之后1秒左右的时候。"

听了生生的话，老大怒视着老二。

"这么说来，老二才是偷奶酪的人。闪电1秒以后醒来的老二拿走了奶酪，10秒以后醒来的老三当然不会看到奶酪了。"

"我，不是我。在我之后醒来的老三也有可能拿走奶酪啊。"

一般在铁等金属材料里，声音的传播速度是每秒5000米左右。

老二听到老大的质问，很慌张地指着老三说。

"什么？不是我啊。我没有拿奶酪。"

这时候生生走上前说：

"我也觉得不是老三拿的奶酪。我亲自测了一下时间，老三从床上起来走到桌子旁，藏好奶酪再回到床上需要的时间起码要多于10秒。从老大看到奶酪到老三喊奶酪没有了，这中间只有10秒左右的时间，这10秒钟不够老三用来藏奶酪。"

听到生生的话，老二低下了头。

"对不起，但我也不是为了吃它才藏起来的。"

"原来真是你偷的。那你为什么把奶酪藏起来了？"

老二从床底下拿出奶酪，然后把奶酪给了生生。

"其实我是想给姐姐的。我们晚上已经吃得饱饱的了。"

听了老二的话，老大和老三笑了起来。

"老二貌似喜欢姐姐呢，嘻嘻。"

"哈哈哈，是啊。生生，多吃点奶酪哦。"

"嗯，谢谢。但是这个不是偷来的奶酪吗？"

接过老二递过来的奶酪，生生脸红着说道。这时，老三又大声喊起来。

"不是！这个奶酪不是偷的，而是藏起来的。是吧，哥哥？嘻嘻。"

此时，电闪雷鸣的夜晚已经过去，老鼠宿舍里充满了笑声。

科学藏在童话里

声音的性质

声音的传播

狗的叫声、汽车的声音、风声、马牛羊的叫声、笑声……生活中到处充满了声音。那么我们是如何听到各种各样的声音的呢?

声音是振动产生的

声音是物体波动的时候产生的。例如,敲一下鼓,鼓面的皮会振动从而发出声音。我们的说话声也是一样,我们说话的时候声带会振动,从而发出声音。这种物体波动的现象叫做"振动"。

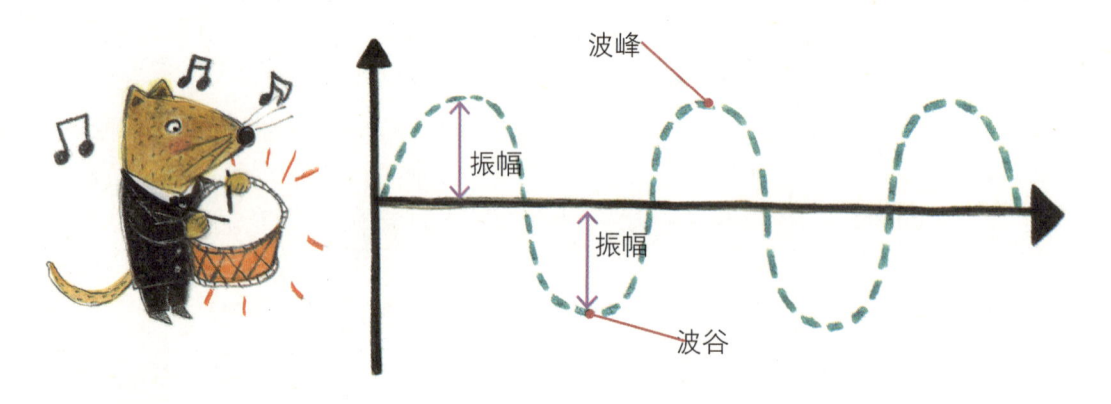

把声音的振动用图表示出来的话,会出现非常有规律的曲线。最高的点叫做波峰,最低的点叫做波谷。从中心到波峰或者波谷的距离叫做振幅。波峰和波谷会反复出现。

我们听到的声音是振动传播引起的

大家有没有玩过多米诺骨牌？把多米诺骨牌按一定的距离立起来以后，如果把最后一个多米诺骨牌弄倒的话，前面的多米诺骨牌也会依次倒下。

声音的传播与多米诺骨牌效应相似。唱歌的时候我们的声带会振动，声带的振动会使周围的空气发生振动，这种振动会再次振动周围的空气。这样不断发生的振动会传到我们的耳朵里，振动我们的耳膜，我们就能听到声音了。

声音可以通过物质传播

声音要凭借空气、铁等这些能传播声音的物质才能被听到。所以在真空状态下，不管怎么大声叫喊，都听不到声音。

声音不仅通过空气传播，也可以通过金属等固体和水等液体传播。不过，在不同的物质中，声音的传播速度不一样，按照固体、液体、气体的顺序，声音传播的速度递减。

铁（固体）
每秒约5200米

水（液体）
每秒约1500米

空气（气体）
每秒约340米

声音的多种性质

一般情况下,男士的声音低沉,女士的声音高亢。弹吉他的时候,拨的弦不同发出的声音高低也不一样。那么声音多种多样的原因是什么呢?

频率不同,声音的高低不同。

波峰和波谷在一秒钟内反复的次数叫做频率。频率越大,声音越高。蚊子的"嗡嗡"声比蜜蜂的"嗡嗡"声更尖锐的原因就是因为蚊子的声音频率高。

蚊子

蜜蜂

> 蚊子翅膀的振动频率是1500赫兹,蜜蜂翅膀的振动频率是200赫兹。

赫兹(Hz):表示频率的单位,表明每秒钟振动的次数。

振幅不同,声音的大小不同

声音有大小的区别。声音的大小跟振幅有关,振幅越大声音越大,振幅越小声音越小。

小的声音

大的声音

> 小的声音比大的声音振幅小。

分贝(dB):表示声音相对大小的单位。人的耳朵能听到的最小声音是0分贝。

振动形式不同,音色会有变化

相同的"哆",小提琴和笛子发出的声音却不一样。而且,同样是男人或者女人,他(她)们的声音也有一定的区别。乐器声和嗓音不同是由振动的形式(波形)不一样导致的。这种声音的感觉特性称为音色。

小提琴

笛子

因为小提琴和笛子的振动形式不一样,所以它们的音色也不一样。

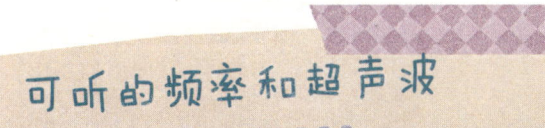

可听的频率和超声波

人的耳朵能听到的声音范围叫做可听频率,一般人的可听频率在16赫兹~20000赫兹。如果频率比16赫兹更低或者比20000赫兹更高,我们是听不到的。

超声波是一种频率高于20000赫兹的声波,这种声波我们的耳朵是听不到的。它具有方向性,穿透力强,如果碰到障碍,就会产生回声的特点,所以常用于观察母亲肚子里的胎儿、海底的模样、鱼群的位置等。

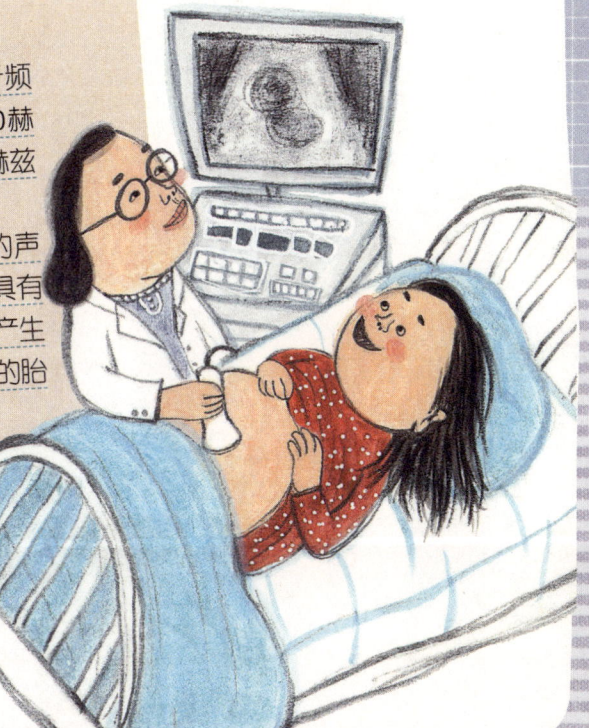